I0818033

NEURODERECHOS

Rafael Yuste

NEURODERECHOS

Un viaje hacia la protección de lo que nos hace humanos

PAIDÓS Contextos

Obra editada en colaboración con Editorial Planeta – España

© Rafael Yuste Rojas, 2025

Fotocomposición: Realización Planeta

© 2025, Editorial Planeta, S. A. – Barcelona, España

Derechos reservados

© 2026, Ediciones Culturales Paidós, S.A. de C.V.
Bajo el sello editorial PAIDÓS M.R.
Avenida Presidente Masaryk núm. 111,
Piso 2, Polanco V Sección, Miguel Hidalgo
C.P. 11560, Ciudad de México
www.planetadelibros.com.mx
www.paidos.com.mx

Primera edición impresa en España: noviembre de 2025
ISBN: 978-84-493-4452-7

Primera edición impresa en México: enero de 2026
ISBN: 978-607-639-130-3

No se permite la reproducción total o parcial de este libro ni su incorporación a un sistema informático, ni su transmisión en cualquier forma o por cualquier medio, sea este electrónico, mecánico, por fotocopia, por grabación u otros métodos, sin el permiso previo y por escrito de los titulares del *copyright*.

Queda expresamente prohibida la utilización o reproducción de este libro o de cualquiera de sus partes con el propósito de entrenar o alimentar sistemas o tecnologías de Inteligencia Artificial (IA).

La infracción de los derechos mencionados puede ser constitutiva de delito contra la propiedad intelectual (Arts. 229 y siguientes de la Ley Federal del Derecho de Autor y Arts. 424 y siguientes del Código Penal Federal).

Si necesita fotocopiar o escanear algún fragmento de esta obra diríjase al CeMPro (Centro Mexicano de Protección y Fomento de los Derechos de Autor, http://www.cempro.org.mx).

Impreso en los talleres de Corporación en Servicios
Integrales de Asesoría Profesional, S.A. de C.V.,
Calle E # 6, Parque Industrial
Puebla 2000, C.P. 72225, Puebla, Pue.
Impreso y hecho en México / *Printed in Mexico*

Tikkun Olam

Sumario

Prólogo

En este libro cuento la historia de mi carrera científica, en la que de una manera imprevista, pero muy natural, he acabado trabajando en dos temas que aparentemente no tienen nada que ver entre sí. Por un lado, la neurociencia, el estudio científico del cerebro. Por otro lado, los derechos humanos, el corpus legal desarrollado desde la Segunda Guerra Mundial para proteger la dignidad de todas las personas. La razón por la cual he trabajado en estas dos áreas tan dispares tiene que ver con la neurotecnología, que son los métodos, las herramientas o los dispositivos que permiten, cada vez con más precisión, registrar la actividad cerebral y también cambiarla. Poder hacer esto no es algo baladí, porque el cerebro no es un órgano más del cuerpo, sino el órgano que genera la mente humana: todos los pensamientos, las percepciones sensoriales, los recuerdos, la imaginación, las decisiones, la personalidad, la conciencia, e incluso el subconsciente, en fin, todo lo que constituye la mente de un ser humano está generado por la actividad cerebral. Nuestras actividades mentales no salen así del aire, sino que son el resultado directo de los disparos de las neuronas que tenemos en el cerebro. Somos nuestro cerebro y por eso tenemos que hablar de derechos humanos, porque si tienes una tecnología que te permite medir la actividad del cerebro y cambiarla, esa misma tecnología te permitirá, antes o después, descifrar la actividad mental y alterarla.

Pero me adelanto. Comenzaré narrando cómo empecé de niño a interesarme por el cerebro, cómo me formé como médico y científico y cómo acabé dirigiendo un laboratorio enfocado en entender el funcionamiento de la corteza cerebral. Y cómo, por las vueltas que da la vida, acabé en el centro de un movimiento internacional de neuroderechos que busca proteger la actividad cerebral como un derecho humano básico. Enlazaré estos temas con mi historia personal, ya que he tenido la oportunidad y el privilegio de observar en primera fila el *Zeitgeist* de la neurociencia moderna y conocer a sus protagonistas. El *Zeitgeist* es el espíritu del tiempo de la filosofía alemana y describe la idea de que hay un duende que mueve la historia y que va de un sitio a otro donde ocurren cosas importantes. Quiero compartir con los lectores estas vivencias, muchas de ellas muy especiales y llenas de significado, como si me hiciera guiños el destino. Como me encantan los mapas, y mi mente es muy geográfica, lo contaré todo yendo en cada capítulo de un sitio a otro, anclando el libro en los lugares donde me ocurrieron las cosas. Al contar este viaje personal, como si fuera una *road-movie*, una película norteamericana de un viaje por carretera, repasaré a la vez lo que sabemos hoy sobre el cerebro y las razones por las que es tan importante, discutiendo las grandes teorías que intentan explicar cómo funciona, para pasar después a hablar de la neurotecnología, de su importancia, su historia y su muy posiblemente impactante futuro. Esto nos llevará a discutir los desafíos éticos y sociales que están asociados con el futuro desarrollo de la neurotecnología, y detallaré las distintas soluciones posibles a los problemas creados por el acceso y la manipulación de la actividad cerebral. Haré un estado de la cuestión de manera detallada, pausada y sin exageraciones ni alarmismos, compartiendo la información de última hora y repasando los resultados más importantes, para que los lectores puedan extraer conclusiones propias del asunto. Mi intención no es evocar miedos y titulares sensacionalistas, sino todo lo contrario: trasladar información y reflexiones que tranquilicen a los ciudadanos, para que sepan que hay mucha gente que piensa en el porvenir y vela por proteger a la humanidad.

Por último, al final del libro, terminado el viaje, quiero extrapolar hasta el futuro y discutir, o más bien explorar, ideas sobre la sociedad del futuro, cuando estas tecnologías nos podrán permitir aumentar nuestras capacidades mentales y cognitivas. Mi argumento es que podremos construir una sociedad mejor, más justa y más inteligente. Creo sinceramente que será un nuevo renacimiento y espero que el lector comparta mi opinión después de leer la argumentación y reflexionar sobre todo ello.

Este libro se debe al impulso de mi editora de Paidós, Elisabet Navarro, que me animó a escribirlo y a contar mi historia personal. También quiero declarar que, a pesar de escribir el libro en medio de la vorágine del nacimiento de la inteligencia artificial, cada palabra escrita ha salido de mi propio puño y letra.

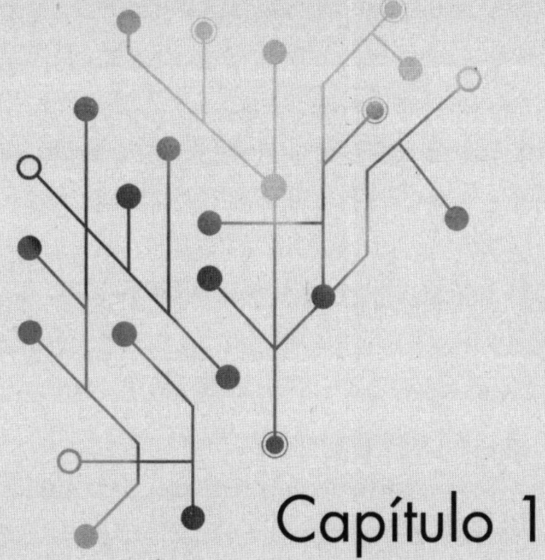

Capítulo 1

El despertar científico, de Argüelles a Chamartín

EMULANDO A LOS CAZADORES DE MICROBIOS

Nací en Madrid y me crie en el barrio de Argüelles, en el distrito de Chamberí. En ese barrio están mis raíces y lo llevaré por bandera hasta el día que me muera. De niño me apasionaban tres cosas: jugar al fútbol en el colegio y en la calle varias veces al día, planear travesuras con mis amigos y leer. Tenía tanta afición por la lectura que ahorraba la paga semanal que me daban mis padres para golosinas y me compraba un libro a final de mes, después de revisar cuidadosamente las estanterías de las librerías del barrio y contar mis pesetas. Mis padres eran dos profesionales —él, abogado; y ella, farmacéutica— que también se criaron en el mismo barrio. Además, me mandaron al mismo colegio al que ellos habían ido y donde se conocieron: el Colegio Decroly. Era una institución laica que acogió a muchos profesores de universidad y de instituto represaliados tras la guerra civil y que, con un programa muy generoso de becas para estudiantes de familias numerosas, se convirtió en una institución modélica, en la que se ha dotado a generaciones de estudiantes con una magnífica formación.

Mis padres tenían la casa llena de libros y alentaron mi pasión por la lectura. Fue precisamente mi madre quien, a los catorce años, me regaló un libro titulado *Los cazadores de microbios*, de Paul de Kruif, que me abrió la puerta al mundo de la investigación de laboratorio. El libro es la historia novelada de los microscopistas y bacteriólogos, desde Leeuwenhoek a Pasteur, que descubrieron que los microbios eran la causa de las enfermedades infecciosas. La imagen que me evocó el libro es la de unos entusiastas científicos ensimismados en sus investigaciones, que trabajaban hasta las tantas de la noche en un sótano con su microscopio y descubrieron que los microbios son los causantes de las enfermedades infecciosas. Gracias a sus investigaciones, sagacidad y duro trabajo, estos científicos, muchas veces en el anonimato, ayudaron a prevenir o curar muchas enfermedades, con lo que salvaron millones de vidas. Me parecieron verdaderos héroes, que trabajaban por el bien común de la humanidad, muchas veces con grandes dificultades económicas, personales y sin reconocimiento alguno. Esta visión me inspiró y transformó, desde entonces hasta hoy, es como la brújula de mi vida y me estimula todas las mañanas cuando voy al laboratorio.

Ese mismo año pedí un microscopio a los Reyes, con una cajita de madera que tenía instrumental básico histológico, para lo que fue mi primer laboratorio. Con ello lo estudiaba todo, haciendo dibujitos de lo que veía en un cuaderno de apuntes. Miraba hojas, mi piel, agua de los charcos y diseccionaba animales que encontraba muertos, ratas, ratones, serpientes, ranas, insectos, etc. A este pequeño laboratorio añadí un Quimicefa, gracias a otros Reyes, un juego de química con el que, entre otras cosas, aprendí rápidamente a fabricar ácido sulfhídrico, el contenido de las bombas fétidas, lo que dio pie a todavía más travesuras. La combinación de ciencia con gamberrismo me pareció perfecta y, de hecho, creo que salirse de las normas sociales y probar cosas nuevas es un rasgo común entre muchos científicos. En realidad, los científicos son niños que no han parado nunca de jugar y de hacer preguntas y travesuras.

EN LA COLINA DE LOS CHOPOS

En mi evolución como científico, el siguiente momento clave ocurrió precisamente con otro cumpleaños, el de mis dieciocho años, cuando mi padre me regaló un libro de Santiago Ramón y Cajal titulado *Los tónicos de la voluntad: reglas y consejos sobre investigación científica*. En esta obra, Cajal argumenta que el éxito en la vida no se debe a la suerte, el dinero, la inteligencia, el ser agraciado físicamente o las conexiones familiares, sino a la fuerza de voluntad, al impulso interno que nos ayuda a tomar decisiones y a solventar obstáculos para conseguir una meta deseada. Cajal dice que, al igual que todas las habilidades físicas o cognitivas, la voluntad se puede fortalecer si se cuida y se riega como si fuera una planta. En este libro, en parte autobiográfico, el viejo maestro también traslada a los jóvenes investigadores sus recomendaciones sobre cómo prepararse para una carrera científica, por qué hay que hacerlo por obligación patriótica e incluso ofrece consejos muy detallados sobre con qué persona hay que casarse. ¡Increíble si lo leemos en el siglo XXI! Devoré el libro, lo leí y releí, e incluso hoy en día lo tengo todavía en mi mesa de despacho en Nueva York (al igual que *Los cazadores de microbios*).

Leer el libro de Cajal coincidió con mi salida del barrio para acabar mis estudios de bachillerato en el Instituto Ramiro de Maeztu de Madrid, una institución pública modélica, con fantásticos profesores y enfocada a la excelencia. Por casualidad, como si estuviera todo planeado con antelación, el pabellón donde dábamos clase fue precisamente donde Cajal tuvo su laboratorio, en lo que antes de la guerra era la Institución Libre de Enseñanza, emplazada en la llamada Colina de los Chopos, en un alto sobre Madrid. Al abrigo de esta institución del barrio de Chamartín y de la Junta de Ampliación de Estudios que nació de ella y que presidió Cajal, surgió no solo la ciencia moderna en España, con gente de primera, como el propio Cajal, su maestro Luis Simarro, su colega Nicolás Achúcarro, el bioquímico Severo Ochoa, el fisiólogo Juan Negrín (que acabó siendo presidente de la República), el matemático Julio Rey Pastor, el físico Blas Cabrera y muchos otros, sino también un tropel de escritores, poetas, pintores, cineastas e intelectuales que formaron una generación asombrosa, sin parangón en la historia de España y que fue brutalmente cercenada por la guerra civil. En los mismos bancos del jardín de la residencia donde se sentaba a hablar Cajal con sus discípulos, nos sentábamos los estudiantes del Ramiro sesenta años más tarde para planear los creativos desmanes de la Demencia, la peña de fans del Estudiantes, el equipo de baloncesto del instituto que, a pesar de sus escasos recursos económicos, militaba valientemente en la primera división de la liga española.

Mi materia favorita en el colegio era Biología y mi parte favorita de la Biología era la Histología, el estudio de los tejidos con microscopio. Si se mira con un microscopio cualquier tejido del cuerpo, uno se queda con la boca abierta por la belleza y lógica de su estructura. Todavía me parece increíble que la naturaleza haya creado y organizado estas estructuras tan complejas y bonitas. Recuerdo ir a comprar con mis ahorros un tratado de histología a la Casa del Libro de la Gran Vía de Madrid, una librería que tenía de todo, y leerlo una y otra vez como si fuera una novela de aventuras. Esto remató la faena, pues me dejó claro cuál era el camino que seguiría en mi vida. Inspirado por Cajal, soñaba despierto con ser un neurocientífico, investigar los secretos del cerebro con mi microscopio en un sótano oscuro y unirme al pequeño grupo de héroes secretos de la humanidad, como otro cazador más de microbios, pero ahora centrado en el cerebro.

LA PASIÓN DE CAJAL POR LA CIENCIA

En realidad, el estudio científico del cerebro —o, para ser más exactos, del sistema nervioso— se llama neurociencia. Es una ciencia relativamente joven, que empezó hace un siglo. Uno de los lugares clave de su nacimiento fue precisamente en España, en el laboratorio de Cajal: primero en Zaragoza, después en Barcelona y Valencia, y por último en Madrid, en el de la Colina de los Chopos y luego en el Instituto Cajal, financiado por el Ayuntamiento. En estas cuatro ciudades españolas, Cajal describió meticulosamente las neuronas de todas las regiones del cerebro y puso los cimientos de la neurociencia, en un trabajo preciso, sistemático y, sobre todo, titánico, que la ancló para siempre a la biología moderna. Su papel fue tan importante que hoy en día se considera internacionalmente a Cajal como el padre de la neurociencia. De hecho, sus dos tomos de *La histología del sistema nervioso del hombre y los vertebrados*, publicados en español en 1899, constituyen a día de hoy la mejor descripción de las células que componen el cerebro. Hasta tal punto que, en una tradición que heredé de mi director de tesis, a los estudiantes que acaban el doctorado en mi laboratorio les regalo siempre una copia de los dos tomos de Cajal, traducidos al inglés, y les digo que es el único libro que necesitarán el resto de su carrera. Por cierto, al resto de los integrantes del laboratorio, cuando acaban sus estancias y se marchan a otros sitios, les entrego una copia de la traducción al inglés de los *Tónicos de la voluntad* como regalo de despedida. El chico del Ramiro ha ido esparciendo por el mundo la veneración por la obra de Cajal, inculcándola a las generaciones venideras.

Contaré dos anécdotas que ilustran la pasión de Cajal por la investigación: Cajal tenía una hija muy querida, Enriqueta, que enfermó de meningitis tuberculosa. Cuenta en su autobiografía que, después de verla morir, se sentó en su cama. Exhausto por el dolor y sabiendo que no podía hacer nada por ella, decidió volver al laboratorio para seguir investigando y pasó las horas de la noche trabajando al microscopio. El segundo apunte de su pasión por la neurociencia aparece en la última carta que escribió, en su lecho de muerte, a su querido discípulo Rafael Lorente de Nó. En mi oficina, tengo enmarcada una copia escaneada de esa carta. En una letra temblorosa, Cajal empieza contándole a Lorente que lleva días sin comer y que no puede levantarse del lecho, una premonición de su final. Pero, impertérrito, en el siguiente párrafo empieza a hablar de neurociencia y le recuerda a Lorente la importancia de la morfología de las espinas dendríticas, los apéndices de la neurona que había descubierto al comienzo de su carrera y que, como se demostró dos décadas más tarde, son las partes de las neuronas que reciben la mayoría de las conexiones del cerebro. Como en muchas otras cosas, Cajal dio en el clavo con esta hipótesis. Pero no se quedó corto: antes de terminar la carta, Cajal escribe otro párrafo más, recomendándole a Lorente que se deje de historias estudiando el cerebro del ratón y que se ponga a estudiar el cerebro del conejo, que tiene neuronas más interesantes que el del ratón. La carta está fechada el 15 de octubre de 1934; Cajal moriría dos días después. Fue su última carta, dirigida a su querido discípulo, como si, de alguna manera, hubiera querido pasarle la llama de la investigación.

LAS SELVAS IMPENETRABLES DEL CEREBRO

¿Cuál era la razón de esta pasión de Cajal por la neurociencia? Como mencioné en la introducción, el cerebro es el órgano que genera toda la actividad mental y cognitiva de los seres humanos, por eso entender cómo funciona el cerebro, esa maraña de neuronas de la cabeza, no solo es uno de los grandes desafíos de la ciencia, sino que nos permitirá entendernos a nosotros mismos como seres humanos. Entenderemos cómo surge la mente humana, qué es un ser humano por dentro, por qué hacemos lo que hacemos y quiénes somos. Entender la esencia del ser humano es, precisamente, el objetivo central del humanismo, ya que el cerebro constituye el centro de nuestro universo y el núcleo de nuestra experiencia vital. Además de esta razón científico-humanista, el entendimiento del cerebro es esencial para poder abordar los problemas clínicos que surgen de las patologías cerebrales y de todo el sistema nervioso. Desafortunadamente, la mayor parte de estas enfermedades no tiene cura, porque todavía ni siquiera entendemos bien qué es lo que hace normalmente el órgano dañado. Como buen médico, Cajal pasó toda su vida intentando desentrañar «las bases fisiológicas de la inteligencia», como él mismo decía, para poder ayudar a los enfermos.

Pero, a pesar de toda su pasión, Cajal no pudo con el cerebro. Se refirió al cerebro como las «selvas impenetrables [...] donde muchos investigadores se pierden». Sin duda, esta frase se la aplicó a sí mismo con toda humildad y dolor, y la dejó escrita como advertencia para los futuros científicos, con la intención de protegernos del fracaso.

LEYENDO A KANT EN EL AUTOBÚS

Además de Cajal, en el Instituto Ramiro de Maeztu descubrí al filósofo alemán Immanuel Kant. Aunque éramos alumnos de ciencias, en España entonces teníamos que estudiar Filosofía, que era una asignatura seria, y me encantó. Me encandiló Kant, a quien leía en el autobús mañanero, porque se centró en comprender cómo funciona la mente humana. El problema que abordó es entender por qué la mente humana se ajusta al mundo exterior. A diferencia de los empiristas británicos, que proponían que la mente humana es un reflejo del mundo exterior, basado en la experiencia, para poder explicar cómo las matemáticas —que son una invención humana— resultan tan eficientes, Kant defendió la teoría opuesta: el mundo exterior es un reflejo de la mente humana. Siguiendo una tradición milenaria de filósofos idealistas, Kant puso el foco en entender el funcionamiento interno de la mente, es decir, del cerebro. Propuso que teníamos categorías internas —como los conceptos de tiempo, espacio o causalidad— que servían para construir las percepciones y organizar así el torrente de información que nos llega del exterior. Me pareció un argumento impecable y empecé a devorar libros de filosofía y a intuir que el gran reto de la neurociencia en términos más concretos era entender cómo «las selvas impenetrables» de Cajal generaban las categorías kantianas. La síntesis de Cajal y Kant, de la filosofía y la neurociencia, me pareció el gran desafío de mi vida, una llama que se encendió y sigue prendida en mí. Vi el resto de mi vida con claridad: me iba a dedicar a desentrañar los secretos del cerebro con mi microscopio, para entender sus programas intrínsecos, cómo los circuitos de neuronas cerebrales funcionan entre sí para generar estados mentales internos. Si miro lo que hacemos en el laboratorio hoy en día, es exactamente lo mismo.

LA DOCTRINA NEURONAL

Si ponemos en contexto a Cajal y su obra, veremos que en realidad tiene mucho que ver con los cazadores de microbios. Lo que les unía a todos ellos era el instrumento que utilizaban: el microscopio, que permite examinar la estructura de los tejidos a gran aumento. El descubrimiento más importante que se hizo con el microscopio fue que todos los tejidos, de todos los animales y plantas, de todos los organismos, están compuestos por células. El nombre de célula viene del latín *celdilla*, como las celdillas de una colmena de abejas. Si miramos la estructura de todos los organismos, veremos que están formados por conjuntos de estas unidades vivas e independientes, separadas entre sí por unas membranas o paredes celulares. Estas células son independientes y pueden incluso vivir muchas veces separadas del resto del cuerpo. Este descubrimiento lo atisbaron muchos investigadores, desde los primeros microscopistas en el siglo XVII, como el neerlandés Leeuwenhoek, que describió los animales unicelulares que flotaban en las muestras del agua del canal que tenía detrás de su casa en Delft. Pero, será en el siglo XIX cuando Virchow, otro microscopista cazador de microbios, acuñó la teoría celular que propone que todos los organismos son conglomerados de células individuales. Con esta teoría nace la biología moderna, que se ha centrado desde entonces hasta hoy en entender qué son las células, de dónde vienen, cómo funcionan y cómo se unen para formar cuerpos y organismos.

En ese mundo se formó Cajal, y como buen microscopista, describió mejor que nadie los distintos tipos de neuronas del sistema nervioso y, además, sentó las bases conceptuales de la neurociencia, lo que bautizó como la «doctrina neuronal», que afirma que la unidad fundamental del cerebro son las neuronas individuales. Cajal extendió la teoría celular de Virchow al cerebro y, con fervor religioso, la llamó «doctrina», como si fuera un catecismo. En aquella época, los científicos sabían que el cerebro estaba compuesto de neuronas, pero no tenían claro cómo se organizaban. De hecho, literalmente no se veía claro, pues los microscopios, que funcionaban bien para estudiar los frotis sanguíneos, por ejemplo, no eran capaces de discernir con precisión las células en los cortes histológicos de tejido cerebral. El cerebro tiene propiedades ópticas símiles a las de un vaso de leche, en el que no puedes ver nada con claridad porque la luz se difumina. Hoy en día, para ver algo dentro del tejido cerebral se pueden utilizar láseres infrarrojos (de lo que hablaremos más adelante), pero a finales del siglo XIX no había láseres, y Camilo Golgi, un microscopista italiano, dio con otra solución: utilizar tinciones fotográficas. Golgi jugó con soluciones de plata, que se utilizaban para revelar las placas y hacer visibles las imágenes grabadas por la luz, y descubrió que teñían las neuronas de negro. Solo quedaban teñidas algunas neuronas, esparcidas al azar por los cortes de cerebro, secciones histológicas de tejido muerto solidificado con soluciones fijadoras. Gracias a esta «solución negra» de nitrato de plata se empezaron a distinguir las neuronas y se las pudo ver, por fin, de una en una. Golgi empezó a describir y a dibujar la morfología de distintos tipos de neuronas y propuso que el sistema nervioso constituye una «red protoplásmica», es decir, que es una red de neuronas conectadas físicamente entre sí, con contigüidad de sus estructuras, como si fuese una malla. En sus dibujos, las distintas partes del sistema nervioso parecen tejidos textiles.

El método de Golgi se esparció como la pólvora entre los microscopistas de toda Europa, y Luis Simarro, un español que había estudiado en París y que trabajaba en la Institución Libre de Enseñanza, se lo enseñó a Cajal. Este, al que le encantaba cacharrear, experimentó con el método y lo refinó, convirtiéndose en un gran experto. Las tinciones de Golgi que hizo Cajal son tan buenas que confieso que, cien años más tarde, no hemos sido capaces de emularlas en mi propio laboratorio. Armado con este método y con uno de los mejores microscopios de la época, Cajal acometió el desafío que Golgi dejó por hacer, y describió sistemáticamente la composición histológica de todas las partes del sistema nervioso. Basándose en esta experiencia y conocimiento detallado, se atrevió a corregir a Golgi, argumentando que las neuronas no se tocan, sino que están separadas por un espacio pequeño por el que se comunican. En vez de la malla de un jersey, se imaginó un bosque o una selva, donde los árboles son independientes y no se tocan entre sí. A esto es a lo que denominó «doctrina neuronal».

UN ARGENTINO AL RESCATE DEL MAESTRO

La hipótesis de Cajal levantó callos, y las discusiones sobre si las neuronas se tocan o no se convirtieron en opiniones casi religiosas. Una de las personas que se apuntaron al bando de Cajal fue Charles Sherrington, que no era microscopista, sino fisiólogo; es decir, un científico que estudia la función de los órganos, no su estructura anatómica. A Sherrington también le encantaba cacharrear en el laboratorio y fue quien inventó el microelectrodo, unas varillas muy finas de metal que se podían introducir en el cerebro de los animales para registrar corrientes eléctricas. Gracias a sus electrodos, Sherrington fue la primera persona que registró la actividad eléctrica de las neuronas, de una en una. No solo respaldó a Cajal en su batalla, sino que dio nombre a la estructura que utilizan las neuronas para comunicarse entre sí: la sinapsis, que significa «conjunción» en griego clásico. Sherrington invitó a Cajal a Inglaterra, donde le dieron la medalla de la Royal Society, la misma organización que había respaldado a Leeuwenhoek dos siglos antes.

Cajal y Sherrington convencieron a la comunidad científica y acabaron obteniendo sendos Premios Nobel. Por cierto, el Premio Nobel de Cajal fue compartido con Golgi, que argumentó en su discurso que Cajal estaba equivocado y que la doctrina neuronal era falsa, pues el microscopio óptico no tenía la resolución suficiente para dirimir la cuestión de si las neuronas se tocan o no. Parece que ha sido el único Premio Nobel que se ha dado a la vez a dos teorías incompatibles.

Cajal se murió con el disgusto de Golgi, pero varias décadas más tarde, sería el argentino Eduardo de Robertis el que le dará la razón. La neurociencia en Argentina era vibrante, y recibió un gran empuje de Pío del Río Hortega, a su vez uno de los mejores discípulos de Cajal, que tuvo que exiliarse a Buenos Aires con la tragedia de la guerra civil, la cual no solo puso fin a la Institución Libre de Enseñanza, sino que, esencialmente, liquidó a toda la escuela de Cajal y a la ciencia en España. De Robertis, otro al que le gustaba cacharrear, utilizó un nuevo instrumento, el microscopio electrónico, que tiene mucha más resolución que los microscopios ópticos. Estudiando muestras histológicas confirmó que Cajal y Sherrington tenían razón: las neuronas no se tocan, sino que están separadas por un espacio sináptic. Este trabajo de De Robertis fue merecedor de un Premio Nobel, y es fundamental para la historia de la neurociencia.

Con el espaldarazo de la microscopía electrónica, Cajal, Sherrington y sus contemporáneos embarcaron a la neurociencia en una travesía que, durante los últimos cien años, ha llevado a varias generaciones de neurobiólogos a destripar el cerebro, estudiándolo neurona a neurona, para explicar cómo se genera nuestro pensamiento y comportamiento. Hemos avanzado muchísimo, nos hemos dado cuenta de que el cerebro es como otro órgano más del cuerpo, que se desarrolla también sujeto a un plan genético, aunque con influencia del exterior. Hemos mapeado la actividad de las neuronas individuales con detalles exquisitos, en animales de experimentación y en pacientes humanos, descubriendo cómo se encienden las neuronas por estímulos sensoriales específicos o durante comportamientos motores o reflejos. Pero, al final del día, todavía seguimos perdidos en las selvas de Cajal. Los científicos seguimos asombrados con los misterios del cerebro, ante preguntas tan fundamentales como qué son los pensamientos, los recuerdos, las emociones y las bases fisiológicas de la inteligencia, tal y como le sucedía a Cajal; y los pacientes con enfermedades neurológicas o psiquiátricas se siguen muriendo o suicidando. Es posible que sea hora de cambiar el rumbo del barco, pues el viaje no ha llegado a buen puerto y, como contaré después, ha habido un motín a bordo, una revolución científica, otra manera de pensar que quizá nos pueda ayudar a completar la obra de Cajal, pero desde otro punto de vista.

MIS PRIMEROS PINITOS EN EL LABORATORIO

Cuando estaba todavía en el Ramiro de Maeztu, tuve la suerte de conocer a Severo Ochoa, precisamente otro hijo de los laboratorios de la Colina de los Chopos, que después de una larga carrera en Nueva York y conseguir el Premio Nobel por descifrar el código genético, había vuelto a trabajar a España, en el Centro de Biología Molecular de la Universidad Autónoma de Madrid. Le pedí consejo, y Ochoa, que era médico como Cajal, me recomendó que estudiase Medicina para poder analizar el sistema nervioso no solo desde el punto de vista científico, sino también desde el clínico, y obtener una visión más completa del cerebro. Seguí ese consejo al pie de la letra y nunca he mirado atrás. Era difícil entrar en Medicina, ya que era la carrera con nota de corte más alto, pero en el examen de Selectividad la pregunta central fue precisamente sobre Kant, que me vino como anillo al dedo. ¡Vaya espaldarazo del destino, parecía como si todas las piezas encajaran, como si alguien estuviera planeando mi vida desde arriba! Me admitieron en la Facultad de Medicina de la Universidad Autónoma de Madrid, donde experimenté por primera vez la ciencia de verdad, sacando tiempo durante mis estudios y dedicando los veranos a trabajar como voluntario en los laboratorios. Primero fui ayudante de pregrado en los laboratorios de Alberto Sols, aprendiendo enzimología; después, en los de Elio García-Austt y Washington Buño, donde hice mis primeros pinitos con la electrofisiología. También me acogió Alberto Ferrús, primero dentro del laboratorio de Antonio García-Bellido, en el Centro de Biología Molecular, y después en el Instituto Cajal, donde fui expuesto al rigor y la belleza formal de la genética de la Drosophila. Estaba feliz, me relamía de poder contribuir con mis pequeñas aportaciones a algo tan bonito como la ciencia.

DESCUBRIENDO LA MEDICINA

Durante la carrera de Medicina, me encantó el laboratorio, pero también la clínica. Después de tres años estudiando ciencias básicas en la facultad, tuve la suerte de realizar los tres años de prácticas clínicas en el Hospital de la Fundación Jiménez Díaz, una institución pionera en España en promover la investigación clínica fundada por Carlos Jiménez Díaz, otro producto de las aulas de Cajal y de la Junta de Ampliación de Estudios. En ese hospital encontré mi nueva casa, descubriendo la medicina, metiéndome a fondo en la aplicación del método científico para solucionar problemas concretos de los pacientes. Fueron años intensos, con muchas guardias, urgencias y partos, viendo directamente lo mejor y lo peor de la sociedad, y tutelado por un plantel de médicos de primera, con lecciones constantes que no solo eran de conocimiento, sino también auténticas lecciones de cómo afrontar los problemas. Esos años me marcaron: me es difícil imaginar una formación mejor en medicina o en la vida.

Inspirado por alguno de mis admirados profesores, pensé seriamente en dedicarme a la medicina interna, que engloba todas las especialidades y aborda muchos de los problemas más difíciles de la clínica con la elegancia intelectual del diagnóstico diferencial. Pero volví al carril en el examen final de Anatomía Patológica, precisamente la asignatura que impartía Cajal y que estudia los efectos de las enfermedades en la histología de los tejidos. En ese examen nos dieron el corte de un tejido de un paciente y nos pidieron diagnosticarlo con microscopio. Me acuerdo como si fuera hoy que contemplé unas células muy raras que no recordaba haber visto nunca antes, enormes, con grandes núcleos, anoté a lápiz una lista de todas sus características y busqué una hipótesis que pudiera explicarlo, con un sudor frío, ya que era el examen final y me la jugaba todo a una. Después de diez minutos de estudiar la muestra, me tocó responder al catedrático e intenté engarzar toda esa lista en una explicación coherente: el paciente tenía un tumor, un glioblastoma cerebral maligno. Era un diagnóstico esencialmente de muerte, así que me lo estaba jugando todo. Después de unos tensos segundos, el catedrático me dijo que me marchara por donde había venido. Desolado, pensé que me había equivocado completamente y me levanté para irme, pero el catedrático me sujetó y me dijo que me sentara, que había acertado de pleno y que obtendría una matrícula de honor: tenía que dedicarme a la Anatomía Patológica y me ofreció un puesto en su equipo. Aunque por cosas de la vida no acabé trabajando en su servicio, ese examen me marcó y encauzó mi vida: iba a ser microscopista.

IMPACTADO POR LOS ESQUIZOFRÉNICOS

Mis años en el hospital me dejaron también marcado emocionalmente con respecto a mis planes de futuro. Fue durante la rotación en el servicio de psiquiatría que realicé en el Hospital Lafora, en las afueras de Madrid, donde estaban ingresados algunos de los pacientes más difíciles: los esquizofrénicos paranoicos. Algunos eran peligrosos, con historia clínica de violencia, y teníamos que entrevistarlos con un guardaespaldas. Uno en concreto era extremadamente inteligente y, durante la entrevista, en plan Sherlock Holmes, me sonsacó que era de Argüelles y me dijo que iba a averiguar fácilmente dónde vivía para ir a mi casa y matar a mi padre. Me afectó mucho, no solo por la amenaza, sino porque provenía de una persona con un cerebro evidentemente superior a lo normal. Me imaginé que su cerebro debía de tener algún interruptor averiado y que en un futuro deberíamos poder entender el problema y repararlo, para que utilizase su inteligencia para el bien de la sociedad, en vez de contra ella. Así, experimenté de primera mano la impotencia de la ciencia y la medicina para abordar las patologías del sistema nervioso.

Ese día despejé mis últimas dudas y decidí que me iba a dedicar a entender el funcionamiento del cerebro —lo que llamamos la fisiología—, para poder comprender la fisiopatología de las enfermedades cerebrales. Iba a dedicar mi vida a investigar los aspectos más fundamentales de la biología del cerebro, sabiendo que compañeros médicos utilizarían estos nuevos conocimientos para aplicarlos a las enfermedades y desarrollar nuevas terapias. Así funciona la medicina: los científicos básicos estudian las bases biológicas del cuerpo, y los científicos trasnacionales o médicos las traducen a nuevos diagnósticos y terapias. Es un camino lento pero imparable e implacable: antes o después se llega a conquistar la enfermedad y se acaba el edificio que han construido varias generaciones de científicos y médicos. Desde los cimientos de las técnicas y métodos experimentales, pasando por el primer piso de entender la fisiología del órgano, el segundo piso de la fisiopatología de la enfermedad, hasta el tejado que son las curas terapéuticas, donde, cuando se conquista la enfermedad, se coloca la bandera en nombre de la humanidad.

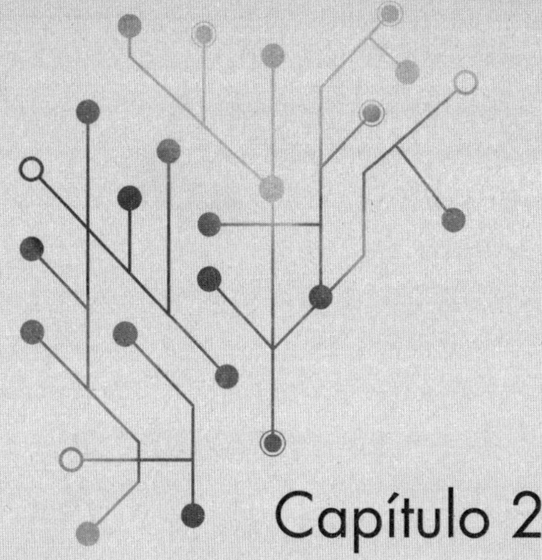

Capítulo 2

El viaje al corazón del cerebro, de Cambridge a Nueva York

EN CAMBRIDGE CON BRENNER

Habiendo aclarado lo que quería hacer con mi vida, dedicarme a estudiar la fisiología del cerebro, le pedí opinión de cómo hacerlo a Antonio García Bellido, genetista de Drosophila y uno de los mejores científicos de España, creador de una boyante escuela de discípulos. Con su característico aplomo, me dijo que, si tenía las ideas tan claras, era evidente que tendría que marcharme al extranjero a realizar la tesis doctoral en neurociencia, aunque el precio a pagar fuese no regresar nunca a España. Y acertó de pleno: hice la tesis fuera y llevo casi cuarenta años trabajando en el extranjero. Con la brújula en dirección a otras tierras, escribí a Sydney Brenner, del Laboratorio de Biología Molecular de Cambridge, Inglaterra, y a quien había oído dar una conferencia en Madrid que me había fascinado, ofreciéndome como voluntario para trabajar allí.

Ante mi sorpresa, Brenner aceptó mi solicitud y me uní a su grupo durante dos veranos, y algún mes adicional, mientras acababa la carrera. El jefe de estudios de la Fundación Jiménez Díaz me permitió incluso que trabajase en Cambridge durante parte de mi semestre académico, convalidando esa estancia como si hubiera rotado en el servicio de laboratorios de investigación del hospital, demostrando con los hechos la filosofía de apoyo a la investigación de la institución. Resulta que Brenner era un médico que acabó dedicándose a la investigació y muchos años después me confesó que la razón por la que me acogió en su grupo fue para encender la llama de la ciencia en mí: me dijo que su vida solo tenía sentido si podía reconocer el brillo especial en los ojos de una persona joven cuando se le habla de ciencia. Brenner no solo es la persona más inteligente y genial que he conocido, sino quizá la que más me ha marcado personalmente. Recuerdo hasta el día de hoy continuamente las conversaciones que tuve con él, hablando de todo tipo de cosas, siempre con una inteligencia penetrante y un humor genial e irreverente.

EL EXPERIMENTO DEL CÓDIGO GENÉTICO

Un día lluvioso de junio, en un año en el que precisamente llovió en Cambridge todos los días del verano, llegué al instituto de Brenner, que me vino a recibir a la entrada. Cuando le dije ilusionado que me apasionaba la neurociencia, con su característico humor judío me anunció que iba a trabajar con bacterias, que son también muy inteligentes. Me puse manos a la obra bajo la supervisión de Leslie Barnett, una científica rigurosa que había trabajado anteriormente con Francis Crick, y que me deleitó con historias de los primeros días de la biología molecular. En un momento inolvidable, una noche en el laboratorio mientras esperábamos que se corriese un gel de secuenciación de ADN, Leslie me contó la historia del experimento en el que descubrieron que el código genético del ADN consistía en grupos de tres nucleótidos; Crick,

Brenner y ella llevaron a cabo uno de los experimentos más elegantes de los que he oído hablar. Los tres decidieron mutar en plan travieso cepas de virus con diferentes números de mutaciones, eliminando nucleótidos de uno en uno a ver qué pasaba; y descubrieron que cada vez que mutaban los virus tres veces seguidas, el fenotipo mutante volvía a ser normal. Así concluyeron rigurosamente que la secuencia del ADN se lee de tres en tres nucleótidos, abriendo las puertas a la revolución de la biología molecular, liderada por laboratorios estadounidenses. Leslie me contó cómo realizaron este experimento en una tarde, haciendo una pausa para tomar una pinta de cerveza en el *pub* mientras esperaban los resultados. Cuando volvieron al laboratorio y abrieron la incubadora, Crick le dijo: «Leslie, somos las únicas personas en el mundo que saben que el código genético tiene tres letras». Esta historia fue para mí un punto de inflexión, ya que ese experimento es inteligente, limpio, elegantísimo e importante. ¡El experimento perfecto! Fue como si estuviesen jugando al ajedrez contra la naturaleza para descubrir sus secretos y le hicieran jaque mate.

Mi objetivo científico pasó a ser —y sigue siendo— llevar a cabo un experimento así de elegante, descifrando el código cerebral en vez del código genético, y quedarme con una gran sonrisa en el rostro para el resto de mi vida. Aparte de descifrar el código genético del ADN, Brenner también descubrió el ARN mensajero y, más adelante en su carrera, fue pionero en el estudio sistemático del gusano C. elegans, con contribuciones fundamentales a la biología del desarrollo. Cuando por fin le dieron el Premio Nobel citando su trabajo con el gusano, Brenner declaró en una entrevista que agradecía a la Academia Sueca de Ciencias su tercer Nobel, aunque se hubieran olvidado de entregarle los dos primeros. ¡Genial!

VETE AL OESTE, JOVEN

Después de esa experiencia seminal para mí, al final de mi segunda estancia en Cambridge le pedí consejo a Brenner sobre dónde hacer un doctorado en neurociencia. Como Inglaterra estaba en medio de los años de Thatcher y sufría importantes recortes en materia científica, Brenner me aconsejó que me mudara a Estados Unidos, como Crick acababa de hacer y como él mismo haría un año más tarde. Con su ingenio característico, me dijo: «Vete al oeste, joven» que es lo que se dice al comienzo de muchas películas de vaqueros cuando se animaba a los jóvenes emigrantes a partir hacia el salvaje Oeste. Estaba hablando de que me marchase a Estados Unidos, que está al oeste de Inglaterra, y me recomendó que fuera a trabajar con Torsten Wiesel en Nueva York, pero solo después de acabar la carrera de Medicina, como él mismo le había prometido a mi madre que yo haría cuando mis padres me visitaron en Cambridge. Con las mismas, acabé la carrera y presenté mi solicitud a programas de doctorado en Neurociencia en Estados Unidos. Tras otro verano de voluntario en el laboratorio de Claudio Cuello, argentino discípulo de De Robertis, en la Universidad McGill de Montreal, donde aprendí microscopía electrónica, fui admitido en la Universidad Rockefeller como estudiante de doctorado. En 1987 me incorporé al laboratorio de Wiesel para hacer la tesis.

EN MANHATTAN CON WIESEL

Mi vida cambió en el sofocante agosto de 1987, cuando aparecí con dos maletas en la Universidad Rockefeller de Nueva York, en la isla de Manhattan. Casi cuatro décadas después todavía vivo en esta isla que sigue siendo en muchos sentidos el centro del mundo. Torsten Wiesel es un científico sueco que entonces había recibido el Premio Nobel por su trabajo sobre electrofisiología de la corteza del cerebro, y que se había mudado a Rockefeller desde Harvard. Torsten me entrevistó en su oficina. Era una persona amable, informal, cultísima y extremadamente inteligente. Después de alguna pregunta sobre lo que había hecho en Cambridge, pasamos el 90 por ciento del tiempo de la entrevista hablando sobre arte moderno español, algo que le apasionaba y que yo conocía bastante bien porque me encantaba ir a exposiciones de arte moderno en Madrid. Pasé la prueba y me aceptó como estudiante en su grupo, dándome completa libertad para que hiciese lo que quisiera.

El laboratorio de Wiesel era un minidepartamento centrado en el estudio de la corteza del cerebro de los mamíferos, y para mí era como el paraíso. Había más de treinta investigadores, organizados en seis grupos independientes, que estudiaban distintos aspectos de la estructura y la función cortical con una amplia variedad de métodos: desde anticuerpos monoclonales, cultivo de tejidos y biofísica, cortes cerebrales, trazados anatómicos y grabaciones, y estudios psicofísicos en ratones, ratas, comadrejas, gatos y monos. Torsten nos proporcionaba apoyo financiero, espacio, equipo, suministros, consejos y total libertad. Siempre estuvo ahí para aconsejarnos sobre problemas científicos o personales, pero nunca se atribuyó ningún mérito por nuestro trabajo ni firmaba nuestros artículos, para que nosotros recibiéramos todo el crédito por ellos. De hecho, el espíritu del grupo era completamente igualitario, al estilo «sindicalista escandinavo», como le gustaba decir a Torsten. Esto lo comprobé en primera persona en el primer experimento que hice mano a mano con él, en el que estudiamos la corteza visual de un mono durante casi dos días sin parar, durmiendo cuando podíamos hechos un ovillo en un sillón. Durante el experimento, a altas horas de la madrugada, vi asombrado cómo Torsten fregaba el suelo con una bayeta cuando terminamos. No se le caían los anillos al premio nobel, y es una lección que nunca he olvidado.

EL MODELO DE HUBEL Y WIESEL

¿Por qué me recomendó Brenner que fuera a trabajar con Wiesel? Wiesel y su compañero David Hubel habían obtenido el Premio Nobel por avanzar en el desciframiento del código neuronal, es decir, en el entendimiento de cómo la actividad de las neuronas genera la función del cerebro. Ambos eran médicos y seguían la estela de Sherrington, que era su tatarabuelo científico. Y, como buenos hijos de esa ilustre escuela, utilizaron electrodos para estudiar la corteza cerebral de los gatos.

La corteza cerebral es la parte más grande del cerebro de los mamíferos y genera esencialmente toda la actividad mental y cognitiva: desde percepciones, recuerdos, decisiones y pensamiento, hasta imaginación, personalidad y conciencia. Además, es la parte de la corteza en la que se asientan las enfermedades psiquiátricas. Posiblemente es el sitio más importante donde hay que descifrar el código neuronal. Torsten se formó como psiquiatra; por tanto, estaba decidido a estudiar la corteza del cerebro. Pero su maestro, el científico Stephen Kuffler, judío escapado del nazismo, estudiaba la retina y había descubierto que sus neuronas respondían muy bien a círculos concéntricos de luz, abriendo camino para desentrañar el sentido de la visión. La retina se conecta con la corteza, y Hubel y Wiesel, dos jovenzuelos traviesos, se saltaron la retina a la torera y se metieron con sus electrodos en la corteza visual, donde se genera nuestra percepción visual, que era un terreno incógnito. Utilizaron unos electrodos nuevos que había inventado Hubel y, como herederos directos de la doctrina neuronal, registraron la actividad de las neuronas de una en una, correlacionando los disparos de las neuronas con las imágenes que le enseñaban al gato. En un descubrimiento fortuito, se dieron cuenta de que las neuronas de la corteza visual respondían a líneas de luz, no a círculos, como se esperaba. Tirando de la manta, propusieron que las neuronas de la corteza reciben información de los círculos de la retina y alinean estos círculos para detectar las líneas que convierten un objeto en una imagen, como si el cerebro crease un dibujo a lápiz de lo que ve el ojo. Esta teoría de Hubel y Wiesel constituyó un gran empuje para la doctrina neuronal, porque explicó cómo las neuronas del cerebro, mediante conexiones, pueden hacer cada vez cosas más complicadas. Por ejemplo, en el caso de la visión, Hubel y Wiesel imaginaron que, en zonas superiores de la corteza, las que reciben información de la corteza visual, tenía que haber células que recogiesen estos trazos y dibujos generados por la retina y la corteza visual primaria y los combinasen con información de otros sentidos, como sonidos, olores, tacto, etc., codificando así a personas. A tu abuela, por ejemplo. Llamaron a esas células hipotéticas «células abuela». Varias décadas más tarde, unos investigadores en Japón encontraron células en la corteza temporal de los monos que codifican caras, y más recientemente, en California, unos neurocirujanos han encontrado neuronas en humanos que codifican caras de gente famosa.

Con el modelo de Hubel y Wiesel, la doctrina neuronal había triunfado, proveyendo un camino que podría explicar, poco a poco, lo que hace el cerebro. El cerebro es una máquina de neuronas individuales, cada una con una función concreta. Según ascendemos por el sistema visual y nos adentramos en la corteza, las neuronas son cada vez más sofisticadas. Desde este punto de vista, el código neuronal se descifraría siguiendo la receta de Hubel y Wiesel, así, mapeando lo que hace cada neurona y, haciendo un catálogo gigantesco, entenderíamos cómo funciona el cerebro. Parecía un camino de rosas, avalado además por un Premio Nobel, y me adentré en él con todo mi entusiasmo.

EL DESCUBRIMIENTO DE MI VIDA

El laboratorio de Wiesel estaba lleno de gente inventando métodos nuevos y me sentí inmediatamente atraído por Amiram Grinvald, uno de sus lugartenientes. Grinvald era un químico israelí que había desarrollado una técnica óptica con colorantes sensibles al voltaje para mapear la actividad de la corteza: en vez de meter un electrodo en el cerebro, aplicaba un colorante a su superficie y lo filmaba con una cámara desde arriba. Quise trabajar con él y hacer mi tesis dentro de su pequeño grupo, pero a Amiram le pareció que yo era todavía demasiado joven y que quizá debía formarme más antes de empezar a trabajar con ellos. Como alternativa me sugirió que trabajara con Larry Katz, un joven estudiante posdoctoral de Torsten muy creativo que había desarrollado un nuevo método para hacer rodajas de cerebro y mantenerlas vivas en un microscopio. Lo mismo que hacía Cajal, pero con tejido vivo en vez de muerto.

Lo mío con Larry fue amor a primera vista, pues solo era siete años mayor que yo y nos entendimos sin hablar. Larry, en teoría, trabajaba como estudiante posdoctoral con Torsten, pero tenía un laboratorio pequeñito, un poco más grande que un armario vestidor, y completa libertad para hacer lo que quisiera. Larry acababa de llegar de Caltech, uno de los mejores criaderos de científicos del mundo, donde le habían dado el premio a la mejor tesis doctoral, y rebosaba ideas y humor. Larry era de Nueva York, y sus padres, judíos alemanes, fueron los únicos supervivientes del nazismo de sus dos familias. Ellos me acogieron en su casa para pasar mi primera cena de Acción de Gracias en mi nuevo país.

Amiram sugirió que exploráramos indicadores de calcio en lugar de colorantes de voltaje. Los indicadores fluorescentes de calcio habían sido desarrollados hacía poco por Roger Tsien, un químico brillantísimo salido de Cambridge, y estaban empezando a usarse con bastante eficacia como herramienta bioquímica para monitorear la concentración intracelular de calcio en células en cultivo y estudiar sus vías metabólicas y problemas de biología celular. Bajo la tutela de Larry, comencé a experimentar con indicadores de calcio, intentando meterlos como fuese dentro de las neuronas de rodajas de cerebro de rata. Después de más de una docena de intentos fallidos, cambiando las soluciones para lograr teñir las rodajas con estos colorantes, el 8 de diciembre de 1988 tuve un golpe de suerte: otro investigador posdoctoral del laboratorio estaba haciendo cortes cerebrales de corteza de una rata recién nacida y, por probar, le pregunté si podía tomar prestada una de sus rodajas para mis experimentos de tinción. Apliqué mis colorantes de calcio y recuerdo como si fuera hoy que miré por el microscopio y vi un campo de neuronas fluorescentes azules. ¡Todas las neuronas estaban teñidas! Había funcionado: el tejido cortical de animales en desarrollo podía marcarse con incubaciones de indicadores de calcio.

NO ERA LA LÁMPARA

Sin embargo, el verdadero descubrimiento se produjo poco después, cuando comencé a hacer películas con una cámara de la fluorescencia de estas rodajas teñidas de colorantes de calcio y noté que las neuronas parpadeaban espontáneamente. Le mostré esta película a Larry, que me dijo: «Rafa, ya es hora de que cambies la lámpara del microscopio porque está muy vieja». Pensó que el parpadeo se debía a la lámpara y no a las células. Larry es una de las personas más íntegras que he conocido, con una honestidad intelectual y un espíritu de crítica demoledor que empezaban consigo mismo y con su gente. De hecho, hacer experimentos con él era como estar desnudo, porque no podía esconderme tras ninguna excusa ni dar explicaciones incompletas cuando intentaba justificar un resultado o demostrar que tenía razón. Por ello, como todos los mejores científicos, era escrupuloso con cualquier resultado, sobre todo si podía ser importante: argumentaba que nosotros debemos ser nuestros peores críticos, y solo después de esta autoflagelación intelectual podemos creernos los resultados, publicarlos y compartirlos con el mundo. Pero yo, como buen español cajaliano orgulloso y cabezota, sabía que yo tenía razón, y que las neuronas estaban disparando. Esa noche hice más experimentos y filmé más películas, pero esta vez incubé los cortes con una toxina que bloquea la actividad neuronal, lo cual eliminó el parpadeo. No dormí en toda la noche y a la mañana siguiente le mostré la película a Larry, diciéndole de broma que había descubierto que la lámpara del microscopio es sensible a la toxina. Riendo, Larry me dijo: «¡Por fin tienes un tema de tesis!». Estos experimentos marcaron el comienzo del uso de indicadores de calcio para monitorear la actividad de las poblaciones neuronales, un método que ha pasado a ser uno de los pilares técnicos de la neurociencia moderna.

Recuerdo el vértigo que sentí al darme cuenta de que podía pasar el resto de mi vida observando cómo se activan los circuitos neuronales y descifrando su función. Era como si hubiésemos resucitado a las neuronas de los dibujos histológicos de Cajal. Esa intuición ha sido correcta: he pasado esencialmente el resto de mi carrera como un microscopista moderno que hace una «histología funcional» de Cajal, utilizando indicadores de calcio para monitorear la función cortical, pero desde el punto de vista brenneriano de usar esos datos para descifrar el código neuronal.

HACIENDO MICROSCOPÍA CON EL CALCIO

El método de imagen de calcio, o *calcium imaging* en inglés, nos abrió la puerta, a nosotros y a mucha gente después, para observar la actividad de muchas neuronas a la vez de una manera sencilla y fácil, fusionando la electrofisiología con la microscopía. Aunque ahora es un método que se utiliza en todo el mundo, los comienzos fueron duros: fue muy difícil publicar nuestros artículos porque la gente no se lo creía o pensaba que medir calcio no era importante o que este método solo serviría para cerebros de animales recién nacidos. Pero se equivocaban completamente: como demostramos rigurosamente más tarde, la concentración de calcio refleja fielmente la actividad eléctrica de la neurona y el método también funciona en un cerebro adulto, siempre que se puedan introducir los colorantes de calcio en las neuronas, un problema técnico que acabamos solucionando de varias maneras. Cuando miro hacia atrás, me siento feliz y orgulloso de haber contribuido a la neurociencia con este método. Aunque también he experimentado la soledad de los cazadores de microbios, cuyas contribuciones muchas veces no fueron reconocidas y que, en algunos casos, incluso murieron en el anonimato. Después de casi dos décadas de negarnos crédito, el método acabó corriendo como la pólvora por todos los laboratorios de neurociencia, hasta tal punto que es aceptado como si fuera algo común y natural, olvidándose de dónde y cómo surgió. Poca gente sabe que Larry y yo fuimos los que inventamos el método. Incluso me ha ocurrido alguna vez cuando visito otros laboratorios que me explican cómo funciona y lo fantástico que es, desconociendo que fui precisamente yo mismo quien lo desarrolló. Pero, así es la ciencia: lo importante no somos las personas, sino el avance del conocimiento para el bien de la humanidad

CON LOS FÍSICOS DE LOS BELL LABS

En 1989 hice una presentación en el congreso anual de los neurocientíficos estadounidenses, que fue en Arizona, donde mostré las primeras películas de cambios en el calcio de grupos de neuronas, llamando la atención de David Tank, un físico de los famosos Bell Labs, de la compañía AT&T en Nueva Jersey. Este centro de investigación, fundado por Alexander Graham Bell, era la joya de la corona de la AT&T, una de las compañías más grandes del mundo. Bell Labs fue responsable de muchos de los grandes avances en física, ingeniería y tecnología del siglo XX, empezando por el teléfono e incluyendo el transistor, el láser y los satélites, entre otras cosas. Tank estaba interesado en las neuronas y también medía ópticamente la concentración de calcio en ellas para entender cómo funcionan sus distintas partes, por lo que le encantó mi trabajo. Además de este trabajo en biofísica, Tank fue un pionero en los modelos matemáticos de redes neuronales y había escrito artículos influyentes con el físico teórico John Hopfield, también de los Bell Labs. De hecho, la hija de Hopfield, Jessica, que era otra estudiante de doctorado en el laboratorio de Wiesel, había trabajado con Tank y me recomendó que me fuera a los Bell Labs después de mi tesis. Tank me llamó por teléfono para preguntarme todo lo que estaba haciendo, y fue la primera persona que se dio cuenta de la importancia de nuestro trabajo. Me invitó a los Bell Labs para presentarlo y en esa visita me ofreció un puesto en su grupo, que acepté, también en el acto. ¡Otro amor a primera vista!

Me impresionaron mucho los Bell Labs y el pequeño pero vibrante grupo de físicos que Tank había reunido en su departamento, enfocado en desarrollar métodos para la neurociencia. Muchos de ellos acabaron realizando contribuciones revolucionarias, incluyendo la invención de las redes neuronales, la microscopía de dos fotones, la conectómica y la resonancia magnética funcional, entre otras. Ya ha caído un Premio Nobel en este grupo —al propio Hopfield— y apuesto que habrá varios más en el futuro. Cuando volví a Nueva York de la entrevista con Tank, Torsten me invitó a tomar café en su oficina y le conté mi visita y mi decisión. Él no entendió que un médico y neurobiólogo como yo quisiese trabajar con físicos en Nueva Jersey, en lugar de ir a especializarme con un neurobiólogo famoso en el glamuroso instituto Salk en California, que es lo que él me había recomendado; pero mi decisión me parecía completamente natural y lógica y escogí Nueva Jersey. Me encantó el estilo y rigor de Tank, y los Bell Labs eran el lugar ideal para aprender nuevos métodos y la manera de pensar de los físicos, para así acabar de formarme. Cuando coincidí con Brenner ese verano y se lo conté todo, sonrió y me hizo un guiño: Brenner llevaba años siguiendo con muchísimo interés el trabajo de este grupo de los Bell Labs, por lo que me respaldaba totalmente.

CUATRO AÑOS DE ALMUERZOS

Acabé mi tesis, me fui a Nueva Jersey y pasé cuatro años en los Bell Labs, donde aprendí biofísica y microscopía con cámaras digitales, y llevé a cabo una colaboración muy fructífera con Winfried Denk, otro físico que había inventado un microscopio con un láser infrarrojo. Nuestra colaboración fue otro golpe del destino: trabajábamos cada uno en un laboratorio al otro lado del pasillo, él tenía un microscopio nuevo y no sabía qué hacer con él, y yo tenía un problema en busca de un microscopio, ya que al intentar visualizar el calcio en las rodajas de cerebro, solo podíamos ver bien la superficie, porque el cerebro es opaco a la luz. Pero la luz infrarroja resulta que penetra el tejido vivo y tuvimos suerte: la combinación de láseres infrarrojos con imagen de calcio fue ganadora, y nuestro trabajo abrió las compuertas para la aplicación conjunta de estos dos métodos. Pero es posible que los momentos más importantes en aquel momento no fuesen los experimentos, sino las animadas conversaciones diarias durante el almuerzo de nuestro grupo, en las que discutíamos constantemente teorías y modelos de cómo funciona el cerebro. Me había metido en la boca del lobo: allí nadie se creía el modelo de Hubel y Wiesel. Mientras yo lo defendía, como buen discípulo, Hopfield y Tank argumentaban que las redes neuronales eran un modelo mucho mejor. Estaban todos los físicos contra mí, diez a uno.

DESCUBRO LAS REDES NEURONALES

¿Qué modelo defendían ellos? John Hopfield había publicado en 1982 un breve artículo en el que describía un modelo matemático nuevo sobre cómo podrían funcionar los circuitos neuronales. Pero no era completamente nuevo. Matemáticamente era igual que el modelo del magnetismo que había propuesto el judío alemán Ernst Ising en 1924. Para explicar cómo los átomos generan magnetismo, Ising sugirió la idea de que los átomos cercanos tienden a alinear sus espines para disminuir el nivel energético al enfriarse, y que esto crea unos territorios, los llamados «vidrios de espines», que son magnéticos. Parece complicado, pero es simple: en una ecuación, Ising predijo que cuanto más acoplados están los átomos entre sí, menor es la energía del sistema, con lo que estos vidrios de espines se hacen más favorables. La teoría de Ising fue una revolución en la física, Hopfield la conocía al dedillo y la aplicó a los modelos de circuitos de neuronas. Asumiendo que las neuronas están todas conectadas entre sí, propuso que cuando más acopladas estén entre ellas, más tenderán a crear unos estados de actividad conjunta que llamó «atractores». Estos atractores son momentos en que hay una actividad coordinada de un grupo particular de neuronas, y son matemáticamente idénticos a los vidrios de espines. Hopfield propuso que el cerebro estaba lleno de estos atractores, y que podrían servir para almacenar recuerdos. En otro artículo de 1985, Hopfield y Tank generalizaron el modelo de Hopfield como una manera de realizar todo tipo de computaciones y demostraron que estas redes neuronales que generaban atractores resolvían problemas de optimización, los más difíciles en las ciencias de la computación.

HOPFIELD ME CAMBIA EL CHIP

Lo que quería decir Hopfield, biológicamente hablando, es que la actividad de las neuronas individuales no era tan importante, sino que en realidad las neuronas trabajan en conjuntos, disparando a la vez y formando estos atractores. Sus atractores eran conjuntos de neuronas. Esta idea cayó en terreno abonado porque el principal resultado de mi tesis, utilizando imágenes de calcio, fue el descubrimiento de que los cortes cerebrales de la corteza en desarrollo (de ratas, ratones, hurones y gatos) mostraban una actividad espontánea, con grupos de neuronas que se activaban a la vez, formando conjuntos neuronales. Ese descubrimiento de mi tesis fue el germen de mi carrera científica, ya que llevo estudiando estos conjuntos neuronales desde entonces, analizando cómo se forman, qué hacen y por qué son importantes.

Las conversaciones con Hopfield también sacaron a la luz algunos momentos de mis años en el laboratorio de Wiesel, cuando me había dado cuenta de que el modelo de Hubel y Wiesel no estaba tan claro. Uno fue durante otro experimento con Torsten, cuando a altas horas de la madrugada le pregunté qué opinaba de los experimentos de Hans Berger, el médico alemán que inventó el electroencefalograma y descubrió que el cerebro humano generaba actividad espontánea organizada en ondas. Nunca he visto a Wiesel tan enfadado: empezó a decir que eso no era ciencia y que la actividad espontánea del cerebro era el ruido de la máquina. En estas conversaciones con Hopfield me di cuenta de que la innegable presencia de actividad espontánea en el cerebro es un problema para el modelo de Hubel y Wiesel y la escuela de Sherrington, porque asumen que el cerebro es una máquina que está apagada hasta que recibe un estímulo y genera una respuesta. En cambio, el modelo de Hopfield explica perfectamente la actividad espontánea, ya que la red neuronal está siempre encendida y responde a los estímulos moviéndose de un atractor a otro. También recordé conversaciones con Larry Katz a las tantas de la noche, en las que me decía que el modelo de Hubel y Wiesel hacía agua por problemas internos, y que había varias cosas que se habían tenido que esconder debajo de la alfombra. En el transcurso de estos almuerzos con el grupo de los Bell Labs me quedó clara la ventaja de los modelos de redes neuronales sobre la doctrina neuronal tradicional, en la que la unidad de función era la neurona individual. Aparte de los resultados de mi propia tesis demostrando que las neuronas siempre responden en grupo, Hopfield me convenció de la falacia de poner el énfasis en la neurona única, cuyo papel individual en el cerebro puede ser tan irrelevante como el papel de un átomo único dentro de un imán. Habiéndome formado en electrofisiología unicelular en la misma escuela de Hubel y Wiesel, después de cuatro años de almuerzos, salí renacido de los Bell Labs como un biofísico de redes neuronales.

EL PROBLEMA DEL TELEVISOR DE CRICK

La razón por la que Hopfield se había fijado en el magnetismo para crear su modelo matemático del cerebro tiene que ver con el problema de la televisión que propuso el genetista inglés Francis Crick, que fue compañero de Brenner, con el que compartía oficina, y que explica por qué Brenner seguía la pista a Hopfield y al grupo de los Bell Labs. Conocí a Crick en Cambridge y me pareció encantador, ingeniosísimo y con un humor desternillante. Crick decía que para entender el cerebro teníamos que explicar primero algo tan simple como poder ver la televisión, un gesto cotidiano que, sin embargo, es asombroso. Cada vez que nos ponemos delante de una pantalla de televisión, de un ordenador o del móvil, vemos un gran número de píxeles que se encienden o se apagan. Pero, cuando de repente lo hacen de una manera coordinada, surge una imagen o una palabra de texto. Esto es un ejemplo de lo que en ciencia llamamos una propiedad emergente, esto es, una propiedad de un sistema que tiene muchas partes, pero que, por definición, no existe en las partes individuales. La imagen que vemos en la pantalla no está en ninguno de los píxeles. Por mucho que miremos un píxel constantemente, nunca nos enteraremos de lo que ocurre en la pantalla de televisión. Porque lo importante de la pantalla no son los píxeles, sino las imágenes o las palabras que están escritas con esos píxeles. Las imágenes y palabras son propiedades emergentes de los píxeles.

Vivimos en un mundo rodeado de propiedades emergentes, y son sorprendentes porque hay algo en el conjunto que no existe en las partes. La función del sistema, como las imágenes, emerge de las partes como si surgiera de la bruma, como por arte de magia. Esto es interesante científicamente, pues algo puede surgir de la nada. ¿Si no existe la imagen en los píxeles, por qué cuando trabajan conjuntamente surge una imagen?

LA MADRE DE LAS PROPIEDADES EMERGENTES

Aparte de las pantallas, las propiedades físicas de la materia que nos rodea son también propiedades emergentes. El magnetismo fue el primer fenómeno que se entendió —cómo surge del acoplamiento de los átomos de un imán—, por eso Hopfield se apoyó en él. Pero hay muchas más propiedades emergentes: por ejemplo, la solidez de una mesa no se puede explicar si estudiamos las propiedades de los átomos que componen la madera, sino al entender cómo esos átomos se relacionan entre sí para crear una propiedad nueva, la solidez. Lo mismo ocurre con las propiedades físicas del agua, por ejemplo, o las propiedades de las sociedades humanas. Por ejemplo, con la democracia: los ciudadanos individualmente no tienen la democracia, solamente cuando interaccionan entre sí de cierta manera surge una sociedad democrática.

Pero ¿qué tienen que ver las pantallas de televisión, imanes, mesas y democracias con el cerebro? La idea es que el cerebro también es un sistema que genera propiedades emergentes. En este caso, el cerebro está compuesto de neuronas y, cuando interaccionan, surge algo especial. Desde Sherrington llevamos casi un siglo estudiando las neuronas de una en una, como hacían Hubel y Wiesel, pero es un trabajo fútil, igual que intentar ver una pantalla de televisión mirando los píxeles de uno en uno. Lo que necesitamos es estudiar todas las neuronas a la vez, para poder ver todos los píxeles a la vez y enterarnos, por fin, de la película que tenemos en la mente. Todo esto explica el interés de Tank por mi trabajo: la imagen de calcio es un método que permite ver la actividad de muchas neuronas a la vez.

Desafortunadamente, las propiedades emergentes son muy arduas de estudiar y posiblemente sean el gran problema de la ciencia actual. La razón es que se necesita medir y entender las interacciones entre las partes del sistema, y estas interacciones casi siempre son complejas y no se pueden aplicar los modelos matemáticos corrientes que utilizamos en ciencia e ingeniería. Nos faltan incluso matemáticas nuevas para abordar las propiedades emergentes. Por eso, a estos sistemas que las generan se les llama directamente sistemas complejos, e incluyen desde el comportamiento de la atmósfera, las propiedades de la materia, casi toda la química, toda la biología, las sociedades humanas, etc. Prácticamente en todas las ramas de la ciencia, los problemas de frontera son propiedades emergentes. No son insolubles, y el magnetismo es un ejemplo de ello, pero dan miedo, y naturalmente muchos científicos realizan el camino opuesto y, en vez de estudiar el sistema, estudian con gran detalle las partes que tiene, en un abordaje que se llama reduccionista: reducir el problema a partes pequeñas y estudiarlas hasta el final. La doctrina neuronal de Cajal y Sherrington es precisamente esto: estudiar las neuronas de una en una; es una doctrina reduccionista. Parece claro: para que un sistema genere propiedades emergentes ha de tener muchas partes y dejar que interaccionen entre sí. Cuanto más, mejor. En el caso del cerebro y su evolución parece obvio: cada cerebro tiene un número de neuronas astronómico y un número de conexiones que supera con mucho a toda la red de internet. El cerebro es la madre de las propiedades emergentes.

LAS CADENAS NEURONALES DE LORENTE

La idea de que los circuitos neuronales generan estados emergentes de función no era nueva y precisamente surgió en España. En la década de 1930, Rafael Lorente de Nó, el gran discípulo de Cajal, articuló la hipótesis de que los circuitos neuronales están dominados por conexiones excitatorias recurrentes —que denominó cadenas— y que han sido diseñados por la evolución para generar actividad reentrante, en bucle. Imaginó patrones reverberantes de actividad neuronal que se propagarían en cascada a través de los circuitos neuronales y que permanecerían encendidos incluso en ausencia de estimulación sensorial. Estas ideas de Lorente, revolucionarias en su momento, pues todo el mundo pensaba que el cerebro era una máquina de *input/output*, fueron llevadas un paso más allá por el psicólogo canadiense Donald Hebb, quien, en 1948, afirmó que las neuronas que disparan juntas se conectan entre sí, y las denominó ensamblajes para distinguir su propuesta de la de las cadenas de Lorente. En 1982 entra Hopfield en escena proponiendo el modelo matemático de las cadenas de Lorente y Hebb, y explicando cómo las conexiones entre neuronas eran matemáticamente igual al acoplamiento de los átomos de un imán. Al igual que los átomos generan los vidrios magnéticos como propiedad emergente, Hopfield propuso que los circuitos neuronales conectados recurrentemente generan estados de actividad emergentes; de hecho, utilizó la palabra «emergente» en el título del artículo como su conclusión más importante. Estos atractores, un pequeño grupo de neuronas que se activan juntas, surgirían naturalmente de una red neuronal en cuanto las neuronas empiezan a disparar y se conectan entre sí. No se puede evitar.

Cadenas, ensamblajes, conjuntos y atractores son algunos de los muchos modelos teóricos diferentes sobre cómo los circuitos neuronales pueden operar como sistemas emergentes, donde las neuronas individuales funcionan juntas creando estructuras más grandes. Mis cuatro años con los físicos de los Bell Labs me convencieron de un objetivo científico concreto: necesitaba encontrar en el cerebro estos conjuntos, o como se quiera llamarles, comprobar si son, de hecho, unidades funcionales y aprenderlo todo sobre ellos —de qué células se componen, por qué mecanismos se forman, para qué sirven y cómo se alteran en las enfermedades cerebrales—. El problema central de la neurociencia me pareció claro: entender estas estructuras multineuronales, que podrían representar los «codones» del código neuronal. Era un desafío similar al del código genético de

Brenner, pues había que crear una teoría equivalente para los circuitos cerebrales.

LLEGO A LA COLUMBIA

En 1996, después de dejar los Bell Labs y con el respaldo otra vez de Brenner, me incorporé como profesor en el Departamento de Ciencias Biológicas de la Universidad de Columbia situada en mitad de Manhattan y con más de doscientos setenta años de historia. Mi departamento, donde llevo trabajando veintinueve años, ha sido el criadero de once premios nobel, y ha albergado a biólogos de la talla de Edmund Wilson —creador de la biología celular—, el premio nobel Thomas Morgan —padre de la genética moderna—, Theodosius Dobzhansky —que realizó la síntesis de la genética con la teoría de la evolución— y, más recientemente, Michael Sheetz —descubridor de los motores moleculares—, y los recientes premios nobel Martin Chalfie —pionero en el uso de proteínas fluorescentes— y Joachim Frank —que inventó técnicas cristalográficas para resolver la estructura de proteínas—. Una característica del departamento es la promoción de los métodos y técnicas novedosas, algo que es raro en otros departamentos de ciencia y medicina, y por eso se interesaron en mi trabajo y me contrataron. Aquí encontré un maravilloso refugio de apoyo, con colegas que me infundieron la libertad intelectual y el espíritu colaborativo que domina la Faculty of Arts and Sciences de Columbia, que hizo que mis interacciones con colegas de Física, Química e Ingeniería fueran completamente naturales, igual que había ocurrido en los Bell Labs. Además, la Facultad de Medicina de Columbia tiene una gran comunidad de neurociencia de primera fila, que incluye a los premios nobel Axel y Kandel, y que también me acogió como uno de los suyos y me conectó con el pulso de su campus. Por si fuera poco, la universidad también me alquiló un apartamento al lado de la universidad, en la zona de Morningside. Como todas las grandes ciudades, Nueva York es un conglomerado de barrios muy distintos, y Morningside es parte del Upper West Side de Manhattan, uno de los barrios emblemáticos de la ciudad, con universidades y conservatorios, iglesias y sinagogas, edificios de apartamentos, calles arboladas, parques, tiendas pequeñas, librerías, quioscos en los que hasta hace poco incluso se podían comprar periódicos españoles, restaurantes, cafés, etc. Vamos, lo más parecido a Argüelles en este lado del Atlántico. Había llegado a casa.

En la Universidad de Columbia soy responsable de enseñar una asignatura a unos cien estudiantes. Nunca me imaginé de profesor, pero cuando alguno de mis estudiantes acaba trabajando como científico, sé que sigo encendiendo la llama de Brenner en el brillo de sus ojos. Mi asignatura es Neurobiología, y en ella trato de trasladarles todo lo que sé sobre el cerebro. Me baso en las redes neuronales como modelo de funcionamiento del cerebro, aunque me aseguro de explicarles que simplemente se trata de un modelo y que puede no ser cierto. Pero, para más inri, todos y cada uno de los libros de texto de neurociencia están todavía anclados en la doctrina neuronal, y es bastante significativo que ninguno de ellos discuta o mencione las redes neuronales. Harto de esta situación, hace tres años me puse manos a la obra y escribí mi propio libro de texto, *Lectures in Neuroscience* [*Lecciones de neurociencia*], que refleja mis clases y en el que intento explicar cómo con los modelos de redes neuronales se puede entender de una manera más amplia cómo funcionan las distintas partes del sistema nervioso.

Una de las tradiciones más bonitas de la Universidad de Columbia es que los profesores pueden asistir a cualquier clase. En concreto, asistí a muchas clases de los departamentos de Música, Historia y, sobre todo, Filosofía, por las resonancias intelectuales o «afinidades electivas», que decía Goethe. Resulta que el Departamento de Filosofía de Columbia ha sido tradicionalmente uno de los más potentes en el mundo, y publica una revista importante de la que yo era suscriptor. Así, conocí a la profesora Patricia Kitcher, que no solo era jefa de departamento, sino también la presidenta de la Sociedad Kantiana del mundo. Pat y yo hicimos muy buenas migas, ya que ella siempre ha seguido la neurociencia muy de cerca, por la gran relación que tiene con las teorías de Kant. Fue ella quien me sugirió que diésemos una asignatura juntos. Se llamaba Filosofía de la Psicología, aunque en realidad era sobre la relación entre filosofía y neurociencia, y dar clase con Pat ha sido una de las mejores experiencias intelectuales que he tenido.

MI LABORATORIO

Además de dar clases y beber de la fuente inagotable que es la rica vida intelectual de Columbia, mi trabajo en realidad es investigar, y es en lo que invierto la gran mayoría de mi tiempo. Me dieron un laboratorio vacío y empecé a pedir becas y proyectos para poder comprar equipo experimental y llenarlo y contratar a estudiantes y posdoctorales. Construí el laboratorio como un taller de métodos, inspirado en el espacio sin paredes donde montan las exposiciones del museo de ciencias de San Francisco, quizá el mejor museo de ciencia del mundo, y del que guardo todavía una foto encima de mi escritorio. En ese museo se mezclaban personas con distintas formaciones y maneras de pensar, una mezcla interdisciplinaria de científicos parecida a lo que viví en los Bell Labs, pero de tamaño más reducido.

Mi grupo está formado por unas quince personas que trabajan permanentemente, estudiantes de doctorado e investigadores posdoctorales a los que se añade algún estudiante interno a tiempo parcial. Como media pasan unos cuatro años en el grupo y después se marchan a otros sitios; la mayoría abren laboratorios propios, algunos con mucho éxito profesional y con condiciones laborales mejores incluso que las que tuve yo cuando empecé. Siempre he seguido el modelo de los sindicatos escandinavos de Wiesel: los trato a todos por igual, sin distinción de edad o rango, me reúno con cada uno de ellos exactamente el mismo tiempo, e incluso mi mesa de trabajo es igual de tamaño a la del último estudiante o técnico más joven. Cuando publicamos sus artículos, son ellos los autores que sirven de contacto con la comunidad científica, pasándoles el rédito del trabajo, igual que hacía Torsten con nosotros. Uno de los momentos más bonitos de mi carrera fue hace poco, cuando Torsten cumplió cien años y organizamos una celebración en la Rockefeller en su honor: allí le presenté al estudiante más joven de mi grupo, de apenas veinte años, como su nuevo nieto científico. La llama de la ciencia continúa.

CONJUNTOS NEURONALES BAJO LAS SETAS

No es sorprendente que el trabajo en mi laboratorio haya sido una fusión de mi formación en Rockefeller y Bell Labs; nuestro enfoque técnico se ha basado en el desarrollo de métodos ópticos para estudiar la corteza del cerebro, utilizando ratones como modelo experimental y midiendo la actividad de sus neuronas con microscopía de calcio. Como buenos mamíferos, los ratones tienen una corteza cerebral como la nuestra, solo que en pequeño, y si podemos entender cómo funciona, abriremos una puerta para entender el cerebro humano.

El objetivo de nuestro trabajo es descifrar los códigos neuronales de la corteza del cerebro mediante la descripción de la estructura y la función de patrones multineuronales de actividad, los conjuntos neuronales, siguiendo casi un siglo más tarde los pasos de pioneros como Lorente —con sus cadenas de neuronas— e inspirados por los atractores de Hopfield. En tres décadas de trabajo hemos estudiado conjuntos neuronales en cultivos de neuronas, cortes de cerebro y en ratones despiertos y moviéndose. Estos conjuntos están formados por un número pequeño de neuronas que se dispara a la vez, igual que si fuese una imagen en una televisión cuando se activan varios píxeles conjuntamente. Pero a diferencia de las imágenes en una pantalla, las neuronas que forman un conjunto neuronal no están juntas, sino desperdigadas por el tejido cortical, incluso en tres dimensiones, mezcladas con neuronas que pertenecen a otros conjuntos neuronales. Y, al igual que un píxel determinado en una pantalla puede activarse para generar imágenes distintas, cada neurona puede formar parte de varios conjuntos neuronales distintos. Hay conjuntos neuronales por doquier: cuando activamos la corteza con estímulos sensoriales —imágenes, sonidos o estímulos táctiles—, pero también cuando el animal está quieto o en la oscuridad. Desde que descubrimos estos conjuntos neuronales, estamos intrigados por entender qué es lo que hacen y si son importantes, pero van como anillo al dedo a las hipótesis de Hopfield sobre los atractores. De hecho, en uno de nuestros artículos iniciales sobre estos conjuntos neuronales utilizamos la palabra atractor en el título, aunque en los artículos recientes hemos preferido denominarlos conjuntos neuronales, un término más neutro, porque siempre hay revisores que no comulgan con Hopfield.

Aunque el objetivo fundamental de nuestras investigaciones ha sido entender el funcionamiento normal de la corteza cerebral, mi formación como médico nos ha llevado muchas veces a estudiar enfermedades cerebrales. Resulta que los ratones son buenos modelos experimentales para muchas enfermedades neurológicas e incluso psiquiátricas. Se trata de ratones con cepas de mutaciones en genes cerebrales o ratones que han sido dosificados con fármacos que generan estas patologías u otras muy parecidas. Siguiendo la ley de Murphy (si algo puede salir mal, ocurrirá), lo que siempre sospeché —que en estas enfermedades están alterados los conjuntos neuronales— se confirmó: en estos ratones, los conjuntos neuronales están afectados. Quizá lo más destacado han sido nuestros estudios de modelos de ratón con esquizofrenia, que tienen mutaciones iguales a las de algunos pacientes esquizofrénicos, y trastornos en su comportamiento que reflejan síntomas parecidos a los pacientes humanos. Al medirles los conjuntos neuronales con microscopía de calcio, descubrimos que eran poco fiables y tenían una estructura más disgregada, como si la televisión no estuviera bien sintonizada y las imágenes se vieran borrosas. Por ello hemos propuesto que la esquizofrenia, y quizá otras psicosis, es una problemática de conjuntos neuronales. También hemos estudiado estos conjuntos en ratones con epilepsia, y hemos descubierto que, cuando una descarga epiléptica se propaga por la corteza, recluta de uno en uno estos conjuntos, saltando de uno a otro.

Otro de nuestros estudios ha sido en ratones que son modelos de las enfermedades del espectro autista. Un porcentaje significativo de las personas con autismo tiene una densidad anormalmente elevada de neuronas en la corteza cerebral. Por otro lado, es posible manipular el crecimiento neuronal para obtener ratones con un mayor número de neuronas. Resulta que estos ratones presentan problemas de comportamiento, incluyendo el aislamiento social, que se parecen a algunos de los síntomas del autismo. Además, encontramos que tienen un número anormalmente grande de conjuntos neuronales, pero de menor tamaño. Por ello, es posible que el autismo refleje una hiperconexión de conjuntos neuronales. Por último, también hemos estudiado los conjuntos neuronales en modelos de ratón de Alzhéimer, utilizando ratones con mutaciones que generan una patología parecida. Estos ratones tienen unos conjuntos neuronales fragmentados, como si estuvieran rotos. Todos estos resultados nos animan a considerar que los conjuntos neuronales podrían ser importantes en la fisiopatología de las enfermedades mentales y neurológicas, y que quizá los investigadores en estas áreas deberían reenfocar su lente, apuntando no solo a los trastornos moleculares y bioquímicos de los pacientes, sino también a las alteraciones de sus circuitos cerebrales. Si esto es así, cumpliría mi sueño de juventud de contribuir al entendimiento y el tratamiento de la esquizofrenia o las discapacitaciones cerebrales, gracias al estudio de las bases fundamentales del funcionamiento del tejido cerebral.

TOCANDO EL PIANO CON EL CEREBRO

Cuando empezamos a publicar nuestros artículos sobre conjuntos neuronales recibimos muchas críticas. En realidad, de una manera larvada, estábamos publicando datos que apoyaban un nuevo modelo de funcionamiento del cerebro, por lo que es lógico que los investigadores que trabajaban con el modelo antiguo

—la inmensa mayoría— nos recibiesen de uñas. La ciencia funciona gracias a la revisión científica por tus colegas: cuando se manda un artículo, los editores de las revistas piden a una serie de expertos anónimos que lo revisen, y solo si estos expertos dan el visto bueno, se publica. Este sistema parece ideal, porque evita posibles injerencias y sirve de filtro para que solo se publique lo mejor, pero, desafortunadamente, en un entorno muy competitivo como es la ciencia moderna, en el que los grupos compiten por los recursos para seguir trabajando, el anonimato también provoca a veces que los revisores puedan bloquear la publicación del artículo por motivos personales o porque, como sucedió en nuestro caso, simplemente no les guste la dirección que ha tomado el asunto. Por ello, tuvimos desde el comienzo enormes dificultades para publicar nuestros artículos. Las críticas eran a veces realmente impresentables, pero quizá el argumento más importante fue que los conjuntos neuronales que encontrábamos eran debidos a la actividad azarosa de las neuronas, porque al medir la actividad de tantas neuronas, era posible que por azar se activaran algunas a la vez. Llegaron a acusarnos de no saber estadística, a pesar de que demostramos una y otra vez en nuestros modelos estadísticos rigurosos que era muy poco probable que los conjun tos neuronales ocurriesen por azar.

Finalmente, la demostración de que los conjuntos neuronales eran reales tuvo que ver con el desarrollo de otro método: la optogenética holográfica. En realidad, era un experimento con el que soñábamos desde hacía mucho tiempo: poder activar las neuronas de la corteza cerebral con luz, como si estuviésemos tocando el piano con el cerebro. Desvergonzadamente, bautizamos a nuestro nuevo método como «el piano», y consistía en utilizar un segundo láser para activar las neuronas, que habíamos hecho sensibles a la luz mediante una técnica genética —por eso se llama optogenética—, y, con un dispositivo holográfico, creamos patrones de luz para activar las neuronas que quisiésemos, igual que en el piano se tocan las teclas deseadas. El resultado fue que, por primera vez, pudimos encender a voluntad las neuronas que forman un conjunto neuronal, algo importantísimo si queremos estudiarlos. De hecho, para entender un problema en biología, o en la ciencia en general, no solo es preciso observarlo y medirlo con cuidado, sino también manipularlo. Solo entonces se puede demostrar que el sistema hace lo que tú crees que hace. Después de la microscopía del calcio, la optogenética holográfica ha sido quizá la más destacada que hemos desarrollado y, tras una década, poco a poco, se empieza a utilizar también por todo el mundo, igual que ocurrió con la microscopía del calcio.

REPROGRAMAMOS LA CORTEZA

Como siempre ocurre con las técnicas nuevas, tocar el piano con la corteza del cerebro fue una fuente de descubrimientos, la mayor parte inesperados. Uno de los primeros fue darnos cuenta de que, cuando activamos varias neuronas a la vez, da igual cuáles, es como si estuviésemos tocando un acorde en el piano, pero con las neuronas del cerebro del ratón generamos un conjunto neuronal nuevo. Después de activar estas neuronas durante unos minutos, vimos que seguían disparando juntas durante días como un conjunto neuronal. Por un lado, esto demostró elegantemente que los conjuntos neuronales eran reales. No había otra interpretación posible: si puedes fabricar algo tú mismo con tus propias manos, evidentemente es algo real, no es un problema estadístico. Pero lo más importante fue darnos cuenta de que podríamos reprogramar el cerebro: al estimular unas neuronas con nuestro sistema holográfico, habíamos reformateado la corteza, la habíamos manipulado para que hiciera lo que quisiéramos. Este resultado nos abrió la puerta, a nosotros y a otros laboratorios que saltaron al ruedo, para poder explorar la función de los conjuntos neuronales e imaginar el desarrollo de métodos similares en pacientes humanos, utilizándolos como nuevos abordajes terapéuticos para enfermedades cerebrales. Todavía es algo lejano, pero, paso a paso, nos vamos acercando a ello.

DESCIFRANDO EL CÓDIGO CEREBRAL

Al permitirnos imprimir conjuntos neuronales en el cerebro del ratón, los experimentos holográficos también nos acercaron a la vieja idea de Brenner: descifrar el código neuronal. Él siempre me decía que para entender un sistema biológico tienes que meterte dentro, utilizando su mismo lenguaje. En el caso del código genético, su desciframiento permitió utilizarlo para manipular el ADN de los animales, desatando una explosión imparable en la biología molecular y la ingeniería genética, que no solo ha revolucionado la biología, sino que también está en vías de revolucionar la medicina. En el caso del cerebro, nuestra hipótesis de entrada era que los conjuntos neuronales son la base funcional del cerebro, como las piezas de un Lego con las que el cerebro construye su actividad. Esta hipótesis se refinó cuando empezamos a manipular estos conjuntos y nos dimos cuenta, también por azar, de que había unas neuronas «gatillo»: cuando las activábamos, disparaban todo el conjunto. Nosotros activábamos estas neuronas desde fuera, con nuestro sistema holográfico, pero siguiendo a Brenner, suponemos que estas neuronas gatillo son utilizadas por el mismo cerebro para disparar los conjuntos internamente, y que, además, pueden estar conectadas a otros conjuntos neuronales, permitiendo que se encadenen unos con otros. De esta manera, el mismo cerebro podría resolver el problema de cómo no perderse en las selvas impenetrables de Cajal y organizar su actividad. Los conjuntos neuronales, disparados por células gatillo, se conectarían unos con otros, generando unas cadenas de conjuntos neuronales que podrían explicar cómo el cerebro hace lo que hace. Este modelo de conjuntos neuronales y células gatillo puede ser lo que mucha otra gente y nosotros mismos llevábamos décadas buscando: una teoría general del cerebro basada en el desciframiento de su código interno.

ESPÉRATE A QUE SE MUERAN

Felices por nuestros descubrimientos, seguimos adelante con experimentos de plano cada vez más sofisticados, pero, sorprendentemente, esto motivó que arreciasen las críticas. De hecho, en la revisión quinquenal de mi trabajo por el Instituto Hugues, cuando les conté lo que queríamos hacer para seguir explorando la hipótesis de que la corteza era una red neuronal con conjuntos como los que había predicho Hopfield, uno de los miembros del jurado, un destacado neurobiólogo que había pasado toda su vida registrando las neuronas de una en una, se levantó y dijo: «Todos sabemos que la corteza no es una red neuronal». Total, que me cortaron la financiación y me dejaron fuera, con lo que tuve que ponerme a escribir proyectos y becas como un loco para evitar que mi laboratorio cerrase por falta de financiación. Justo después, recibimos en la Columbia una visita de Brenner, que dio una conferencia honorífica, y pude comer con él a solas. Me preguntó cómo iba todo y le conté, entusiasmado, los resultados que estábamos obteniendo con los conjuntos neuronales. Después quiso saber cómo estaban recibiendo estos resultados mis colegas, y le confesé, ruborizado, que mal, y que me habían cortado la financiación del Instituto Hughes. Se rio y me dijo: «Nunca los convencerás, vas a tener que esperar a que se mueran». Yo creía que era otra broma de Brenner, pero hablaba en serio. Como pozo inagotable de conocimiento, me contó las conclusiones de un libro sobre la historia de la mecánica cuántica, uno de los pilares de la física moderna, en el que explicaban cómo, a pesar de que los descubrimientos fundamentales ocurrieron en la década de 1920, el resto de la física tardó más de treinta años en aceptarlos, algo que ocurrió cuando se jubilaron los grandes popes que dirigían los departamentos y revistas más importantes. Los nuevos paradigmas, o las nuevas maneras de pensar sobre un problema, son recibidos por las personas que ejercen el poder como una amenaza y nunca son aceptados, precisamente porque los ponen en evidencia o los sustituyen. Consolado por su explicación, le dije a Brenner que no tenía la intención de cruzarme de brazos y esperar treinta años a que se muriesen nuestros adversarios, que necesitaba un consejo algo más práctico y, con un brillo en sus ojos y doblando sus prominentes cejas, me propuso otra solución: por qué no confirmar el modelo de la red neuronal en sistemas nerviosos más simples, estudiando un cnidario llamado *Hydra vulgaris*, un pequeño pólipo de agua dulce que tiene uno de los sistemas nerviosos más simples del planeta. Me explicó que sería mucho más fácil hacerlo en la hidra que en el complicado cerebro de un mamífero como el ratón. Al fin y al cabo, ellos no descifraron el código genético en humanos, sino en virus, los organismos más simples que tienen código genético. Me dijo que si demostrábamos que hay un animal en el planeta cuyo sistema nervioso es una red neuronal basada en los conjuntos, los demás animales irían cayendo uno tras otro como una fila de fichas de dominó. Riéndose, me dijo: «Imagínate si escribes en el futuro un artículo rompedor diciendo que has descifrado el código cerebral en una vulgar hidra», haciendo una broma con el apellido científico de la hidra, *vulgaris*, que significa común o corriente en latín, pero que en inglés y español significa algo tosco, grosero, basto». ¡Genial, Brenner, siempre dando un giro cómico a las cosas!

BRENNER DA EN EL CLAVO CON LA HIDRA

El mismo día que comí con Brenner, empezamos a trabajar con la hidra. Por otras de las casualidades del destino, en el laboratorio tenía un estudiante suizo cuya tesis no terminaba de arrancar. Me lo encontré al volver de la comida y me dijo que los últimos experimentos no le habían salido. Le pregunté si le gustaría cambiar de proyecto y estudiar la hidra. Entonces le cambió la cara y, con una sonrisa enorme, me dijo que le encantaba la idea, porque había trabajado con la hidra en el instituto. Resulta que el biólogo que empezó la biología moderna en el siglo XVII, Abraham Trembley, ya utilizó la hidra como modelo experimental de laboratorio, y era suizo, por lo que es un héroe nacional y todos los estudiantes de secundaria hacen experimentos con la hidra. Nos metimos con pasión en el tema, utilizando ingeniería genética para crear hidras fluorescentes con colorantes de calcio; las pusimos debajo del microscopio y empezamos a hacer películas de la actividad de todas y cada una de sus neuronas, ya que la hidra es pequeña, con pocas neuronas y, además, transparente. De hecho, creo que fuimos los primeros en medir la actividad de todas las neuronas del sistema nervioso de un animal. Descubrimos que las hidras tienen conjuntos neuronales, igual que los ratones. Son más lentos, pero tienen muchas propiedades en común. Brenner dio en el clavo: los animales con los sistemas nerviosos más primitivos tienen conjuntos neuronales, igual que atractores y redes neuronales de Hopfield. Cayó la primera ficha del dominó.

No volví a hablar con Brenner, ya que murió en Singapur después de una larga enfermedad, pero le dediqué un artículo que publiqué después de su muerte titulado, «Descifrando el código neuronal de un cnidario: aprendiendo los principios de neurociencia de la vulgar hidra».

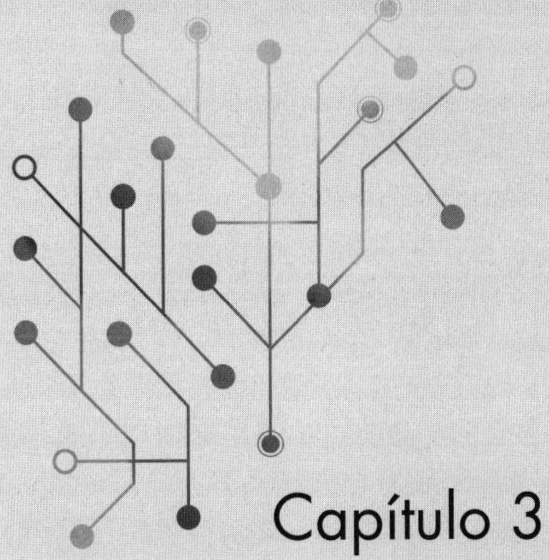

Capítulo 3

En la Casa Blanca, la Iniciativa BRAIN

PONIENDO EL MOTOR A TOPE

Con los resultados clarísimos de nuestros experimentos en ratones e hidras demostrando conjuntos neuronales, y con el respaldo de Brenner, nos pusimos a trabajar con todavía más ahínco para explorar la teoría de las redes neuronales, porque empezamos a ver la luz al final del túnel de las selvas impenetrables de Cajal. Es una lucha por el corazón de la neurociencia: una teoría central de la cual emana la interpretación de todos los resultados. La pelea ha sido dura, con repercusiones negativas para mi laboratorio, tanto en términos de relaciones con algunos colegas como en financiación de proyectos. Lejos de achantarnos, las críticas nos espolearon y nos dieron más empuje para seguir investigando. En este sentido, más allá de las presentaciones estrictamente académicas sobre nuestro trabajo, me empecé a involucrar en actividades públicas defendiendo la nueva manera de ver el cerebro. Mi argumento es que, para entender las propiedades emergentes del cerebro, necesitábamos nuevas técnicas y nuevas herramientas conceptuales para estudiarlo, algo que tenía que venir de las ciencias físicas. Esto ocurrió de una manera bastante natural, como el paso lógico de nuestro trabajo, un esfuerzo que representa la fusión natural de los enfoques de la neurociencia y la física, con métodos de imágenes ópticas como su núcleo, algo que hemos perseguido durante los últimos treinta años.

Mis presentaciones públicas empezaron en mi propia universidad. Desde que llegué a Columbia, abogué por hacer realidad el sueño de fusión de las ciencias biológicas y físicas que había vivido en los Bell Labs, interactuando y colaborando con físicos, químicos, ingenieros y estadísticos. Como parte de estas conversaciones, inicié una serie de seminarios de biología interdisciplinaria que llamamos iBio, en los que dos científicos, un biólogo y un científico de las otras ramas, presentaban su trabajo para que lo entendieran «los del otro lado». Estos seminarios coincidieron con la mudanza de nuestro laboratorio a un nuevo edificio construido por el arquitecto español Rafael Moneo, donde nos juntamos varios laboratorios que ayudé a coordinar en un pequeño Centro de Neurotecnología, un grupo de laboratorios interesados en desarrollar métodos para la neurociencia.

PRIMERA VISITA A WASHINGTON

Mis esfuerzos por perseverar en la neurotecnología y en el estudio de las propiedades emergentes empezaron a dar frutos. Una persona que vino a nuestros seminarios era miembro del grupo del Institute of Medicine de Washington D. C., un grupo de médicos y científicos ilustres, administradores y funcionarios que supervisa y coordina el desarrollo y la promoción de la medicina y las ciencias médicas en Estados Unidos. Me invitaron a una reunión en enero de 2008 en su sede, una casa señorial en mitad de Washington. En esta reunión se discutía el futuro de la neurociencia, y en mi charla defendí las redes neuronales e ilustré con nuestros datos el poder de la fusión de las ciencias físicas —incluyendo física, química y matemáticas— y la neurociencia, un argumento que se convirtió para mí en un mantra. Animé a los responsables de las políticas de neurociencia en Estados Unidos a desarrollar un programa sistemático para incorporar las ciencias físicas, inspirándose en sus métodos, teoría, rigor cuantitativo e incluso estilo de publicación, con la edición libre de separatas *online* como principal forma de difusión. Mi propuesta no llegó a ninguna parte, pero este ejercicio de debate público sobre políticas científicas para el futuro de la neurociencia plantó una semilla en mí: en vez de convencer a algunos de ellos, que me miraban de soslayo, me convencí a mí mismo de que era mi responsabilidad batallar por el tema. Por una serie de casualidades del destino, estos primeros pasos en falso acabaron desembocando en el proyecto del cerebro del presidente Obama, llamada Iniciativa BRAIN (Brain Research through Advancing Innovative Neurotechnologies, o investigación cerebral a base de la promoción de neurotecnología innovadora).

EN UNA MANSIÓN EN INGLATERRA

El proyecto del cerebro de Obama empezó en un día frío y lluvioso de septiembre de 2011 en Chicheley Hall, una casa de campo al norte de Londres, una mansión de serie de televisión, donde nos invitaron a un grupo de veinticinco científicos, mayoritariamente neurobiólogos, pero también biólogos moleculares, físicos, químicos y expertos en nanotecnología. Nos habían convocado cuatro fundaciones privadas, las fundaciones Wellcome y Gatsby, de Inglaterra, y las fundaciones Allen y Kavli, de Estados

Unidos. La fundación Kavli me conocía bien, porque me habían escogido junto con Eric Kandel como codirector del Kavli Institute of Brain Sciences en Columbia, un pequeño centro que se dedicaba a programas divulgativos y conferencias que promovían la neurociencia. Como siempre he insistido en la necesidad de desarrollar métodos y estudiar las propiedades emergentes del cerebro, me pusieron en la lista de invitados. Sinceramente, no pensaba ir, porque estaba liado con la renovación de beca del Instituto Hughes, pero cuando me dijeron que no me la renovaban, escribí a la Fundación Kavli aceptando su invitación. La reunión de Chicheley fue de tres días a puerta cerrada, y su objetivo era responder a la pregunta de por qué la neurobiología no conseguía avanzar para solucionar los grandes desafíos que tiene por delante. Fue una gran tormenta de ideas en la que cada uno de nosotros propusimos distintas soluciones al problema. En la última sesión de la reunión, cuando me llegó el turno, argumenté que los sistemas nerviosos fueron diseñados específicamente por la evolución para generar estados emergentes de actividad y, como dijo Crick, continuar estudiando el cerebro con métodos de una sola neurona era fútil, igual que lo es mirar una pantalla de televisión píxel a píxel. Les propuse que, para poder atacar de frente estas propiedades emergentes y entender cómo funciona el cerebro, necesitamos nuevos métodos para medir la actividad de todas las neuronas y manipularlas de una manera precisa. Para poder ver por primera vez esta metafórica pantalla de televisión del cerebro, propuse como eslogan que necesitábamos «registrar cada espiga de cada neurona». Las espigas son los potenciales eléctricos de las neuronas, las señales que utilizan para comunicarse unas con otras. Acabé concluyendo que el avance de la neurociencia está parado por la falta de métodos.

GEORGE CHURCH AL RESCATE

Mi propuesta fue sorprendentemente mal recibida por muchos de los compañeros que estaban en la reunión. Se produjo un intenso debate, con un chaparrón de críticas de muchos participantes, incluyendo famosos neurobiólogos que venían de registrar neuronas con electrodos. Me acusaron de no ser realista. De que registrar la actividad de todas las neuronas de un sistema nervioso era imposible y que, si fuera posible, costaría muchísimo dinero hacerlo; y, si se encontrase el dinero, se generarían tantos datos que no sabríamos qué hacer con ellos. Las críticas me llegaron en aluvión, una detrás de otra, todos contra mí como una jauría. George Church, genético molecular y uno de los pioneros del Proyecto Genoma Humano, a quien no conocía de nada, estaba sentado en primera fila y se levantó. George es grandullón, así que al ponerse en pie impresionó a la gente. Visiblemente molesto, se dio la vuelta y dijo que en ciencia «nada es imposible», que las críticas no eran justas, que eran las mismas que se hicieron al proyecto del genoma humano cuando empezó, y que se demostró que eran infundadas, pues no solo fue un éxito, sino que terminó antes de tiempo y revolucionó la biología y la medicina, además de generar una industria nueva, la biotecnología. Es cierto que la secuenciación del genoma posiblemente sea lo más importante que ha ocurrido en biología en los últimos cincuenta años. George explicó que la etapa que estamos viviendo de medicina personalizada y la gran explosión en biotecnología están ancladas en el desarrollo de técnicas para secuenciar el genoma. Es más, pensaba que una inversión parecida en el desarrollo de técnicas para mapear la actividad cerebral podría revolucionar la neurociencia, la neuroclínica, y también generar una nueva industria: la neurotecnología. Al final de esa sesión movidita, George subió al estrado para hablar conmigo y respaldarme. También se nos unieron Paul Alivisatos —un físico muy famoso, experto en propiedades emergentes—, Michael Roukes —un nanotecnólogo que fabrica nanoelectrodos— y Ralph Greenspan —un neurobiólogo que estudia invertebrados y que fue el único que me apoyó desde el principio—. Decidimos que, en vez de amedrentarnos, lo que teníamos que hacer era escribir el borrador de un proyecto para desarrollar métodos para la neurotecnología y poder mapear y entender las propiedades emergentes del cerebro.

NACE EL PRIMER BORRADOR

Esa misma noche me salté la cena y escribí un primer borrador del proyecto, que envié a mis otros cuatro compañeros para que lo editasen. Estábamos tan entusiasmados que esa noche no dormimos mucho y, para el desayuno, ya teníamos un documento bastante presentable. Aparte de proponer el desarrollo de técnicas para mapear el cerebro, también propusimos el desarrollo de nuevas técnicas para alterar la actividad cerebral, para no solamente poder ver lo que ocurre dentro del cerebro, sino también poder cambiarlo y reprogramarlo, sobre todo en casos de pacientes que tengan enfermedades cerebrales. Por último, también propusimos el desarrollo de técnicas matemáticas y computacionales para analizar todo este tsunami de información nueva que generarían las técnicas de mapear la actividad cerebral y poder extraer las propiedades emergentes del sistema. Llamamos a nuestro proyecto el Mapa de Actividad Cerebral (Brain Activity Map, BAM por sus siglas en inglés), y propusimos lanzar un proyecto científico a gran escala, con un tamaño y duración parecido al Proyecto del Genoma Humano, pero centrado en el desarrollo de neurotecnología interdisciplinaria para registrar y manipular funcionalmente cada neurona en un circuito neuronal, como el cerebro entero de un animal experimental, o un área cortical de un paciente humano. ¡Volví de Inglaterra rejuvenecido, con nuevos amigos y un proyecto entre manos!

EN LA PUERTA DE LA CASA BLANCA

Al final de aquella semana de septiembre de 2011, y siguiendo el consejo de Miyoung Chun, de la Fundación Kavli, que desempeñó un papel clave al guiarnos durante todo el proceso, mandamos el borrador de nuestro proyecto a la Casa Blanca y a su Office of Science and Technology Projects (OSTP), que sirve a modo de Ministerio de Ciencia en Estados Unidos. Como el Congreso de Estados Unidos tiene el control del gasto, esta oficina sirve de impulsora y mediadora de proyectos, y acababa de pedir ideas para grandes proyectos científicos. Era el comienzo de la presidencia de Barack Obama y querían inspirarse en el éxito de la presidencia de Kennedy de mandar un hombre a la Luna para dejar una impronta parecida en la historia. El mismo día que les mandamos por *email* nuestro proyecto, nos respondieron. Afortunadamente, teníamos un amigo dentro de la Casa Blanca: la persona que recibía las propuestas, el vicedirector de la oficina era Tom Kalil, que, por casualidad, era hijo de dos neurocientíficos, otro increíble espaldarazo del destino.

En la Casa Blanca estaban muy interesados y querían más información sobre nuestras ideas y nos invitaron a visitarlos. Tom nos citó en el control de seguridad de la Casa Blanca y yo, criado en el viejo mundo, me esperaba encontrarme un gran aparato burocrático, con un secretario o auxiliar que nos escoltaría dentro y que, después de varios filtros de escalas administrativas, llegaríamos por fin al jefe. ¡Cuál fue mi sorpresa cuando nos encontramos a Tom esperándonos en la misma calle! Le pregunté si no tenía asistencia administrativa y me respondió que solo tenía una becaria y que él hacía de todo. Nos escoltó dentro del famoso edificio Eisenhower, que lleva el nombre de un presidente que fue antes presidente de la Universidad de Columbia, y caminé por esos pasillos de mármol negro que había visto en muchas películas, hasta que llegamos a su oficina y nos ofreció un café. No se le cayeron los anillos a Tom, una de las personas más importantes en la administración de la ciencia en el mundo. ¡Qué humildad y altura! Me recordó a una experiencia que había tenido en el Laboratorio de Biología Molecular de Cambridge: un día me senté a comer con un investigador mayor que no conocía, que me preguntó con mucho interés por mi proyecto, haciéndome críticas hirientes; me molestó y le pregunté por el suyo, devolviéndole la pelota con críticas a un aspecto de su proyecto que me pareció flojo, a las que respondió con sonrisas y agradecimiento, diciéndome que ese era un problema del que se había dado cuenta y dándome la razón. Aquel científico era Aaron Klug, un cristalógrafo que había ganado el Premio Nobel; trataba a la gente con sencillez, sin mirarlos desde arriba. No era el único. Después conocí a Fred Sanger, que había recibido no uno, sino dos Premios Nobel por dos descubrimientos distintos, todavía más humilde y directo de trato. La lección que aprendí es que la verdadera grandeza en la gente viene muchas veces acompañada de humildad: los problemas que intentamos solucionar son tan grandes que cualquier persona es pequeña en perspectiva, y las diferencias entre nosotros son anecdóticas.

EL ROVER EN MARTE

La primera reunión con Tom fue muy bien y empezó una colaboración fluida en la que diseñamos conjuntamente el proyecto BAM. Tom hablaba con Obama y nos hacía sugerencias y pedía más detalles; nosotros respondíamos con documentos cada vez más extensos. Esto dio lugar a una serie de intercambios entre nuestro grupito y la Casa Blanca, con cinco visitas en persona a lo largo del siguiente año y medio, a las que fuimos incorporando más expertos. En la primera visita fuimos tres de nosotros, y en la siguiente ya éramos ocho; en la última, más de cien. Paralelamente, a petición de la Casa Blanca, organizamos pequeños talleres, patrocinados por la Fundación Kavli, en los que discutimos nuestras ideas con un grupo más amplio de científicos, la mayoría de los cuales se unieron con entusiasmo al BAM, y sus aportes ayudaron a fortalecer el proyecto. En 2012 publicamos un artículo en la revista *Neuron*, una de las más importantes en neurociencia, en la que expusimos los argumentos científicos a favor del BAM para abrir el debate a toda la comunidad.

En agosto de 2012, durante mis vacaciones en España, tuve que volver apresuradamente a Washington porque se celebró una reunión crucial, otra vez en el edificio de oficinas Eisenhower de la Casa Blanca. Curiosamente, fue la semana después de que la sonda espacial Curiosity, que era otro de los proyectos de OSTP, aterrizara impecablemente en Marte. Nos reunimos en una sala en la que había sobre una mesa un modelo de juguete del vehículo Rover que habían puesto en Marte. Kalil abrió la reunión y, señalando el Rover, dijo así: «Esta ha sido una buena semana para nosotros, pues acabamos de aterrizar este cacharro en Marte. Ahora hablemos del cerebro. ¿Por qué no entendemos el cerebro? ¿Por qué no podemos curar la esquizofrenia? ¿Qué os falta a la neurociencia? ¿Qué necesitáis? Pero no penséis en vosotros mismos, ni en los laboratorios ni en las universidades. Pensad, en cambio, en la humanidad. Nadie se va a acordar de ninguno de nosotros dentro de cincuenta años... Pero ¿podremos ser recordados en el futuro como la generación que resolvió el misterio del cerebro?». Estas palabras fueron inspiradoras y reflejaron el espíritu general de las discusiones con la Casa Blanca de Obama: nada de egos, trabajo en equipo, cero política, ninguna prensa, todo sustancia y centrado en la mejor manera de ayudar a la humanidad. Esa reunión, para mí, fue el ejemplo más impresionante de lo mejor de la naturaleza humana.

OBAMA NOS ESCOGE

Fueron tiempos emocionantes y comenzamos a tener la sensación de que el lanzamiento del BAM podría suceder en cualquier momento. Supuestamente competíamos con muchos otros proyectos, incluidas más exploraciones espaciales, energías limpias e iniciativas de salud global, entre otros. Una noche de febrero de 2013, cuando estaba sentado en casa con mi mujer y mis hijas viendo por televisión al presidente Obama dar su discurso anual sobre el Estado de la Unión, de pronto anunció al Congreso el lanzamiento de un gran proyecto de neurociencia, justificado con las mismas ideas que habíamos propuesto, incluso utilizando parte de nuestro lenguaje exacto. Lo sé porque yo había cometido un error menor en una de las cifras, y Obama leyó la cifra equivocada. Fue un momento inolvidable de mi vida. En el año y medio transcurrido desde Chicheley, nuestra propuesta había sido adoptada por la Casa Blanca. A pesar de que pensamos ingenuamente que el nombre de BAM le gustaría al presidente —haciendo eco a su nombre de pila—, él decidió cambiarlo a Iniciativa BRAIN, un acrónimo cuyas iniciales en inglés significan «Investigación del Cerebro a través del Avance de Neurotecnologías Innovadoras», con la palabra «Neurotecnología» como eje central. ¡Mucho mejor nombre! Después hablé con Tom y le pregunté por qué nos habían tenido en la oscuridad. Tom me explicó que todas las cosas importantes que hace la Casa Blanca se mantienen en secreto hasta que se anuncian, para evitar presiones, maniobras o bloqueos de todo tipo de organizaciones que puedan comprometer los proyectos o alterar o dañar sus objetivos. ¡Tenía todo el sentido!

EN LA CARPETA DE *SPAM*

Nuestro grupo de Chicheley se hizo famoso, con artículos en los periódicos, incluida la portada de *The New York Times*, así como felicitaciones, pero también intentos de maniobrar de muchos de nuestros colegas neurobiólogos. Esperamos unos meses a que Obama moviera ficha, hasta que un viernes de abril me llegó un correo electrónico desde una cuenta llamada <whitehouse.gov>, invitándome a la Casa Blanca ese mismo lunes por la mañana para un anuncio del presidente. El correo era tan críptico que algunos de mis colegas, después de que les avisase de lo que ocurría, lo encontraron en su carpeta de *spam*. Yo estaba en unas vacaciones familiares, visitando Jamestown, en Virginia, y se lo enseñé a mi mujer e hijas. ¡Mi hija pequeña gritó al sorprendido guía turístico que su padre acababa de recibir una invitación del presidente para ir a la Casa Blanca, con el consiguiente revuelo del corrillo de gente que estábamos en el grupo!

A toda velocidad, volvimos a Nueva York y cogí un vuelo a

Washington ese mismo domingo, para reunirme con el grupo a cenar y hablar del proyecto en un hotel. En esa cena decidimos disolvernos, ya que habíamos cumplido el objetivo pasándole la antorcha al presidente. No queríamos obstaculizar o interferir en sus planes y pensamos que era mejor continuar como soldados de a pie. Fue un momento agridulce. Estábamos tristes, como cuando una hija se hace mayor y se va de casa.

EN LA SALA DEL ALA ESTE

El lunes siguiente, nos encontramos en la cola de entrada del edificio principal de la Casa Blanca, donde vive el presidente, con más de doscientas personas, una mezcla de líderes en neurociencia, rectores de universidad, directores de institutos científicos y agencias de financiación federales. A pesar de la invitación de última hora, estaban prácticamente todas las personas relevantes en neurociencia en Estados Unidos. Por cierto, cada uno de nosotros pagamos de nuestro bolsillo todos nuestros gastos de desplazamiento, como siempre ocurre cuando se va a la Casa Blanca. Después de llevarnos por pasillos luminosos donde estaban colgados los retratos y las fotos de los presidentes de Estados Unidos —me fijé especialmente en el de Kennedy—, nos trasladaron a la famosa sala de conferencias del Ala Este, una sala que aparece en muchas películas y que, según parece, solo se había utilizado para un evento relacionado con la ciencia una vez antes en la historia. Obama entró y en un breve discurso anunció el lanzamiento de la ahora llamada Iniciativa BRAIN, con el triple objetivo de ayudar a la humanidad a comprender la mente humana, ayudar a curar enfermedades cerebrales y estimular nuevas oportunidades económicas. Nuestros mismos argumentos, uno por uno.

Después del presidente habló Francis Collins, el director de los National Institutes of Health o NIH, que centraliza la inmensa mayoría de la inversión pública de Estados Unidos en investigaciones biomédicas, y explicó con más detalle cómo se organizaría la iniciativa, donde el NIH serviría de centro administrativo. El primer paso fue la selección de un comité independiente de expertos —el *dream team*—, dirigido por mi colega Cori Bargmann, de Rockefeller, a quien conocía desde hacía mucho tiempo, y Bill Newsome, de Stanford, otro discípulo de Wiesel, que se encargaría de trazar su curso y elaborar un informe. Nadie de nuestro grupo de la BAM era parte del comité de expertos, pues era importante que no dependiera de nosotros, sino que estuviera abierto a toda la comunidad científica. Por ello, dado que ninguno de los creadores estuvo involucrado en el *dream team*, no había ningún conflicto de intereses ni posibles enchufismos. De hecho, nunca había sido nuestra intención tomar las riendas del BAM, sino simplemente lanzar este gran esfuerzo, y en esto habíamos tenido un éxito completo. Todos deberíamos estar orgullosos de la limpieza y la justicia con que se gestó la Iniciativa BRAIN: un proyecto que surgió de una competición de ideas venidas de todas partes y que fue escogido para el bien del país, que refleja el espíritu de aventura, igualdad de oportunidades, competición limpia, trabajo en equipo y el respeto escrupuloso a los conflictos de interés de la administración de Obama.

ESTADOS UNIDOS SE PONE LAS PILAS

La Iniciativa BRAIN empezó a andar en 2015, y desde el comienzo ha contado con el apoyo incondicional del Congreso de Estados Unidos. De hecho, el apoyo de los dos partidos políticos de Estados Unidos a la Iniciativa BRAIN es tan fuerte que, el año que nació, el Senado incrementó el presupuesto inicial, algo que nunca antes había ocurrido: que te den más dinero del que pides. BRAIN se lanzó como un proyecto con un recorrido de quince años, hasta 2030, y ha seguido en marcha año tras año con presupuestos cada vez mayores, llegando a los 680 millones de dólares en el último año fiscal, con una inversión total que se estima en más de seis mil millones solo del NIH. Pero, además de estas partidas del NIH, otros grandes institutos federales de investigación, como la National Science Foundation (NSF), la Defense Advanced Research Projects Agency (DARPA) y la Intelligence Advanced Research Projects Activity (IARPA), forman parte de la Iniciativa BRAIN y han financiado programas con el objetivo de desarrollar neurotecnologías avanzadas, formando un enorme ecosistema de financiación para la investigación en neurotecnología. El Departamento de Energía, que maneja los aceleradores de partículas y grandes infraestructuras científicas de Estados Unidos, también debería haber participado; a muchos de nosotros nos parece que se trata de una oportunidad natural para los laboratorios nacionales de Estados Unidos, ya que podrían aportar la experiencia en proyectos a gran escala y las bases en ciencias físicas e ingeniería necesarias para ayudar a revolucionar la neurociencia, tanto científica como sociológicamente.

Desde sus comienzos, BRAIN sigue creciendo año tras año, coordinado por un grupo apasionado de funcionarios de programas de ciencia de varios institutos del NIH; cuenta con un asesoramiento científico sólido y, milagrosamente, dado nuestro nivel actual de polarización política, sigue disfrutando de un fuerte apoyo bipartidista en el Congreso. La financiación del Congreso ha sido generosa y, como ejemplo, el regalo de despedida de Obama fue la Ley del Siglo XXI del NIH, que garantizó 1.500 millones de dólares para la próxima década aportados por el NIH. La expectativa es que el Congreso siga apoyando a BRAIN con partidas presupuestarias anuales hasta 2030, lo que permitirá no solo al NIH, sino también a la NSF, DARPA e IARPA continuar su compromiso serio con BRAIN. Aunque el proyecto fue empezado por Obama, y mucha gente se refiere a él como la iniciativa del cerebro de Obama, ha operado sin problemas con las administraciones de Trump y Biden (y ahora otra vez Trump), porque, en realidad, quien manda en los presupuestos es el Congreso de Estados Unidos. Esta independencia presupuestaria es curiosa vista desde fuera, pero resulta admirable y da mucha fuerza a la democracia estadounidense, ya que quien tiene el mando depende del Congreso, que tiene el dinero.

VUELVO A SER SOLDADO DE A PIE

Una cosa admirable del sistema de financiación de la ciencia en Estados Unidos, que ha seguido a pies juntillas la Iniciativa BRAIN, es que el dinero se reparte de una manera meritocrática: tú envías una beca o un proyecto, lo revisa un comité de científicos, y a los mejores les llega una financiación de entre dos y cinco años. Siguiendo el espíritu escrupuloso de respeto a posibles conflictos de interés, ninguno de los cinco científicos que propusimos el proyecto inicial solicitamos financiación de la Iniciativa BRAIN en los primeros años, algo que sorprendía a algunos colegas españoles y europeos, que esperaban que nuestros laboratorios fueran los más afortunados por la bonanza de millones. Pero eso no significó que no siguiéramos trabajando en el desarrollo y la aplicación de la neurotecnología como soldados de a pie. De hecho, en nuestro propio laboratorio contribuimos a cumplir uno de los objetivos del proyecto inicial: medir la actividad de todas las neuronas en un animal vivo. Utilizamos nuestra querida hidra, porque tiene pocas neuronas y, con técnicas de microscopía de calcio, logramos mapear toda la actividad de todas y cada una de las 654 neuronas de su sistema nervioso. Confirmamos con ello mi grito de guerra del BAM, medir cada espiga de cada neurona. Este eslogan había sido muy criticado, incluso dio pie a un artículo que intentaba demostrar que era físicamente imposible hacerlo por parte de una de las personas que se opuso al proyecto, y que, por cierto, fue una de las primeras en solicitar financiación. Con la hidra, que es transparente y tiene pocas neuronas que disparan lentamente, fue posible hacerlo. Después de nosotros, unos colegas financiados por BRAIN hicieron algo parecido con la larva del pez cebra, que también es transparente y tiene muchísimas más neuronas, aunque en este caso no se midieron el cien por cien de las espigas del cien por cien de las neuronas. Los peces son vertebrados, así que mapear la mayor parte de la actividad de su sistema nervioso son palabras mayores. El proyecto despegaba saltando obstáculos olímpicamente, y lo ha seguido haciendo. A día de hoy, involucra a más de 550 laboratorios, que están desarrollando todo tipo de técnicas para mapear y alterar la actividad cerebral, tanto en animales de laboratorio como en humanos. Es justo decir que la Iniciativa BRAIN está revolucionando la neurociencia, y que nunca será la misma después del desarrollo de estos métodos tan potentes, algo que me colma de orgullo por mi involucración directa en esta revolución.

INTERNACIONALIZANDO LA INICIATIVA BRAIN

La iniciativa del presidente Obama estimuló a muchos países a involucrarse en el desarrollo de la neurotecnología, aunque en algunos casos la razón de hacerlo era simplemente para no quedarse descolgados de una nueva revolución tecnológica. En los años siguientes a la creación de la Iniciativa BRAIN se lanzaron proyectos similares de investigación cerebral a gran escala en todo el mundo, incluidos países como Japón, Australia, Canadá, China, Corea del Sur e Israel. Además, al mismo tiempo que el BRAIN se puso en marcha un proyecto europeo, Human Brain Project, dedicado sobre todo a la creación de bases de datos obtenidos con neurotecnología. Todos estos países me invitaron a visitarlos para pedirme ayuda, asesoramiento y *feedback* sobre sus proyectos. Me quedé impresionado sobre todo por el proyecto japonés: aunque solo contaba con una décima parte de financiación del norteamericano, estaba dirigido por dos científicos de primera y enfocado en desarrollar métodos moleculares y nuevos modelos animales de primates para estudiar el cerebro. Siempre he admirado la ciencia japonesa. ¡Que los japoneses fueran alumnos aventajados no me sorprendió en absoluto!

Por mi parte, seguí sirviendo como asesor del consejo de la Iniciativa BRAIN durante tres años, y trabajando para su internacionalización. Junto con Cori Bargmann, y con la ayuda de la NSF y la Fundación Kavli, así como el respaldo del Departamento de Estado de Estados Unidos y de las Naciones Unidas, organizamos una reunión internacional en mi vieja Universidad Rockefeller, precisamente en el mismo auditorio en el que me doctoré. La reunión ocurrió en el marco de la apertura de la Asamblea General de las Naciones Unidas en otoño de 2017 y su objetivo era ayudar a estimular y coordinar el desarrollo de los distintos proyectos sobre el cerebro en todo el mundo. Fue especialmente oportuno que Cori y yo organizáramos esta reunión como un esfuerzo conjunto entre el grupo del BAM y el *dream team* del BRAIN. En esta reunión histórica, además de representantes del BRAIN, participaron representantes de proyectos sobre el cerebro de Europa, China, Japón, Corea, Australia y Canadá, así como ponentes de Francia, Alemania, España, el Reino Unido, Israel, Rusia, Palestina, Cuba e Irán, con el objetivo general de establecer una colaboración común y erigir puentes para coordinar mejor todos estos proyectos, algo que está empezando a suceder. Tres meses después de la reunión, la Academy of Sciences de Australia nos invitó a Canberra a una reunión para formalizar la cooperación entre todos los proyectos del cerebro del mundo. Como el BRAIN era un ecosistema y no tenía director, la delegación norteamericana me eligió como representante, e impulsé la idea de la cooperación entre países y la financiación sin fronteras. Al final de esa reunión nos hicimos una foto después de firmar un acuerdo para crear la International Brain Initiative (IBI), una organización que coordina los programas de inversión en neurotecnología en todo el mundo, igual que ocurrió con el proyecto del genoma humano. Volví de Australia y en el largo vuelo de vuelta, reflexionando sobre todo ello, sentí que mi trabajo para la promoción de la neurotecnología había terminado. Desde la reunión de Chicheley habían pasado seis años increíbles, con muchísimo trabajo, siempre sin remuneración y lidiando con muchos obstáculos, tanto de personas como de instituciones, pero entre todos habíamos logrado convencer a los líderes mundiales de dar un empujón histórico a la neurociencia a escala global. La era de los proyectos de neurociencia a gran escala había llegado.

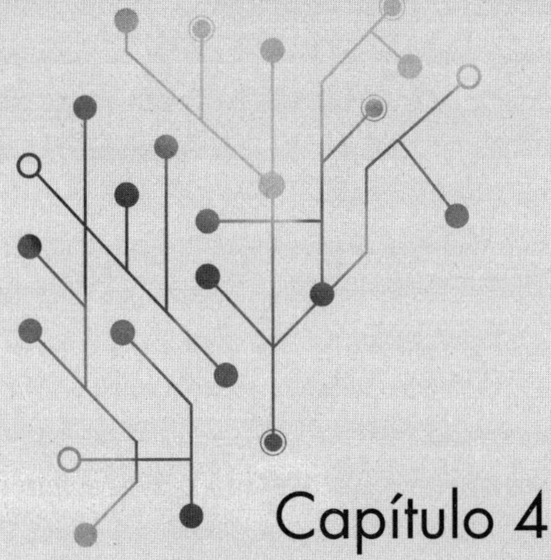

Capítulo 4

Mi momento Oppenheimer

COMIENZA LA REVOLUCIÓN NEUROTECNOLÓGICA

El lanzamiento en 2013 de la Iniciativa BRAIN por parte del presidente Obama fue el pistoletazo de salida de una carrera global para desarrollar neurotecnología, a la que se unieron seguidamente todas las grandes potencias científicas. Hay buenas noticias por todas partes, ya que se están desarrollando métodos neurotecnológicos a diestro y siniestro. Pero ¿qué es la neurotecnología? Parece una palabra complicada y, sin embargo, es algo simple: se refiere a los métodos o dispositivos para registrar la actividad del cerebro —o del sistema nervioso, para ser más exactos— o alterarla. Los proyectos del cerebro han generado una especie de barra libre de financiación para que científicos e ingenieros desarrollen nuevos métodos y dispositivos. Estos métodos pueden ser electrónicos, por ejemplo, un chip que se puede insertar en el cerebro, o electrodos que se implantan en pacientes con párkinson para la estimulación cerebral profunda, o los electrodos de cascos de electroencefalografía que se colocan encima del cráneo en pacientes para diagnosticar la epilepsia. Pero también hay neurotecnología magnética: por ejemplo, los escáneres de actividad cerebral que se utilizan para la resonancia magnética funcional en muchos hospitales o centros de investigación; otro ejemplo son los estimuladores magnéticos, que son como palas metálicas que se colocan por encima del cráneo y se utilizan para ayudar a pacientes que sufren de depresión profunda. Hay también otros dispositivos que utilizan fuentes acústicas, tanto para poder medir la actividad cerebral como para poder alterarla. Por ejemplo, hay aparatos de ultrasonidos que se pueden enfocar para crear quirúrgicamente lesiones en pacientes con Párkinson que les alivian los síntomas. También se están desarrollando otros métodos muy originales que utilizan nanotecnología, por ejemplo, nanopartículas ópticas para estimular la actividad de las neuronas en el cerebro —que, por ahora, solo se ha probado en animales—, o nanopartículas cuánticas para medir la actividad cerebral —algo que por ahora solo funciona en tubos de ensayo y en células de cultivo.

Pero posiblemente la neurotecnología más potente que hay hoy en día es la óptica. En las últimas tres décadas se han desarrollado todo tipo de métodos que utilizan fuentes de luz, ya que no son invasivos y ofrecen mucha resolución espacial. Estos han surgido principalmente de laboratorios de investigación que, trabajando con animales como ratones, han inventado métodos con láseres que permiten la medición de la actividad cerebral de manera muy precisa, mapeando lo que hacen las neuronas de una en una y generando películas de alta resolución de la actividad de circuitos neuronales. Estas técnicas ópticas se basan generalmente en la microscopía de fluorescencia de la concentración de calcio con sondas ópticas. Esta es mi especialidad, ya que, como he contado, contribuí al desarrollo de estos métodos durante mi tesis doctoral a finales de la década de 1980 en el laboratorio de Wiesel. Aunque todavía no han llegado a la clínica, hay otros métodos ópticos, por ejemplo, la espectroscopia infrarroja que se utiliza de manera no invasiva para medir la actividad cerebral de pacientes y voluntarios, pero con menos resolución que la microscopía de calcio. Por último, aparte de estos métodos ópticos para medir la actividad cerebral, se han desarrollado también métodos ópticos muy potentes para activar las neuronas. Es posible que el más famoso sea la optogenética, que combina la óptica con la ingeniería genética: consiste en expresar en neuronas utilizando virus, unas proteínas procedentes de microbios o algas que hacen que las neuronas sean sensibles a la luz. De esta manera, si se proyecta un haz de luz sobre una neurona, la haces disparar y, al igual que la microscopía de calcio, se obtiene la resolución de una neurona individual, por lo que se puede disparar a la neurona que se desee, siempre que le llegue la luz. Estos métodos de optogenética se han desarrollado también en laboratorios de investigación, y están empezando a llegar a la clínica. De hecho, ya hay algún ensayo clínico de optogenética para activar las neuronas en la retina de pacientes con problemas visuales.

BRENNER SE DESPIDE EN UN SUEÑO

Con el lanzamiento de la Iniciativa BRAIN y los otros proyectos internacionales, mi trabajo había concluido. Habíamos pasado el testigo a los gobiernos y estas administraciones públicas, dotadas de magníficos profesionales y medios, estaban ahora al cargo. Para mí era la culminación de una etapa de trabajo intenso de varios años, durante la que invertí posiblemente la mitad de mi tiempo en sacar adelante estos proyectos. Había ido tanto a Washington durante casi una década que era como si viviera allí. Acababa una fase de mi carrera, con una sonrisa de satisfacción, pero debía dejarlo y volver otra vez al laboratorio el cien por cien de mi tiempo. Tenía el gusanillo por hacerlo, y mi grupo de trabajo lo necesitaba, pues los tenía un poco descuidados.

Fue entonces cuando tuve un sueño en el que mi mentor Brenner se despedía de mí en una última conversación cara a cara, sentados a una mesa y comiendo juntos como siempre. En este sueño, Brenner me daba sus últimos consejos sobre mi vida y mi carrera, y de una manera inteligente y graciosa puso en evidencia que me había desviado de mi camino, que estaba perdiendo el tiempo, recomendándome volver al laboratorio y al microscopio para afrontar el desafío de entender la corteza cerebral. Fue un sueño tan vívido que, agitado, me desperté en mitad de la noche. Mi mujer también se despertó y preguntó qué me pasaba, y le dije que había soñado con Brenner y que se había despedido de mí. A los pocos días, leí en el periódico que Brenner acababa de morir, lo que me dejó temblando, ya que yo no sabía que estaba enfermo y soñé con él cuando debía estar en sus últimos días de agonía, lo que explicaba por qué me habló como si fuera su última conversación. Como científico no creo en nada sobrenatural, pero soy el primero en reconocer que no entendemos muchas cosas en el mundo y se hace difícil explicar ese sueño precisamente cuando Brenner estaba en el lecho de muerte. Nunca había soñado con Brenner y lo atribuyo a una casualidad de la vida, ya que él siempre había estado muy presente en mi mente y mi modelo mental del mundo, y siempre había llevado conmigo la sensación constante de culpabilidad por no haberme dedicado a la ciencia al cien por cien en los últimos años. Pero lo importante es que, otra vez, en un momento clave en mi vida, Brenner me dio su último respaldo, aunque esta vez fue el Brenner de mis sueños, ya que nunca volví a verlo.

ME VUELVO AL LABORATORIO

En el laboratorio seguíamos metidos a fondo con los conjuntos neuronales, los famosos atractores de Hopfield, y publicamos varios artículos demostrando que existían en la corteza del cerebro del ratón. Pero habíamos descubierto que los conjuntos neuronales están compuestos por neuronas que se encuentran dispersas y en tres dimensiones, rodeadas de otras neuronas que no tienen nada que ver y que pertenecen a otros conjuntos. Es como un enjambre de madejas de hilos, todos mezclados, por eso lo llamaba Cajal una selva. Para seguir avanzando, en colaboración con el laboratorio de Karl Deisseroth, de Stanford, habíamos modificado la optogenética, combinándola con holografía, para poder manipular los conjuntos neuronales de una manera precisa en tres dimensiones, lo que llamamos «tocar el piano» con las neuronas del cerebro. Como he comentado antes, la optogenética holográfica es, junto con la microscopía de calcio, el método más potente que hemos desarrollado. Al igual que cuando se aprende a tocar el piano —que se empieza con un dedo, después dos y luego con las dos manos— empezamos poco a poco, estimulando una, dos y varias neuronas a la vez. Y este tipo de experimentos, que parecen un juego, son en realidad un sueño para un neurobiólogo, porque nos permiten manipular la actividad cerebral de una manera precisa en un animal vivo, incluso cuando está realizando una tarea de comportamiento, y podemos testear si los conjuntos neuronales sirven para algo. Este fue nuestro siguiente desafío: si los conjuntos neuronales son de verdad piezas fundamentales en la función del cerebro, encenderlos o apagarlos debía dar lugar a cambios no solo en la actividad cerebral, sino en el comportamiento del animal. Demostrar esto serviría para dar carpetazo al problema y dejar a los conjuntos neuronales vistos para sentencia en la neurobiología. Ese era nuestro objetivo.

LOS RATONES CHUPAN SIN VER NADA

Un investigador posdoctoral mexicano, Luis Carrillo, se unió a nuestro grupo a aprender optogenética holográfica, se convirtió en un magnífico pianista cerebral y empezó a hacer experimentos en ratones despiertos mientras realizaban tareas de comportamiento. Pusimos al ratón debajo del microscopio y le enseñamos imágenes en un monitor de vídeo. La tarea era simple: chupar de una cánula de metal con agua si el animal veía un estímulo visual concreto, unas barritas blancas y negras que se movían de arriba abajo. Pero si las barritas se movían de izquierda a derecha, el ratón no tenía que chupar. En cuestión de una o dos semanas, los ratones aprendieron la tarea muy bien, chupando o no según las barritas se movían vertical u horizontalmente. De esta manera, midiendo cómo chupaba el ratón, podíamos averiguar qué es lo que pensaba que había visto. A la vez que realizaba la tarea, mientras le enseñábamos estas barritas, le medíamos con microscopía de calcio los conjuntos neuronales en su corteza visual, la parte del cerebro que procesa los estímulos visuales. Descubrimos que había unos conjuntos neuronales que respondían a las barritas verticales y otros a las barritas horizontales: es decir, el ratón transformaba el estímulo visual en un conjunto neuronal, en línea con nuestra hipótesis de que los conjuntos neuronales son la manifestación física de las percepciones y las ideas. Pero, en ese mismo momento, Luis apagó el monitor de vídeo y encendió el láser para tocar el piano con las neuronas. Al activar el conjunto neuronal de las barras verticales, el animal empezaba a chupar como si estuviera viéndolo. Pero no había nada ante sus ojos. Sin embargo, chupaba exactamente de la misma manera que cuando veía las barritas con sus propios ojos, como si no se diera cuenta de que Luis le estaba activando el cerebro directamente. Cuando Luis vino a contármelo, yo no podía creerlo. Si se hacen bien las cuentas, estábamos activando una docena de neuronas en el cerebro del ratón, que tiene más de cien millones de neuronas, y me parecía imposible que, como una gota de agua en el mar, ese pequeño número de neuronas pudiera controlar el comportamiento del animal. Pero lo repitió una y otra vez, y sucedía lo mismo. Estábamos manejando al ratón con nuestro piano cerebral, como si fuera una marioneta, haciéndole chupar o no según le activábamos un grupo de neuronas u otro. Fue un día inolvidable. Posiblemente es el experimento más rompedor que hemos hecho en nuestro grupo, ya que demostramos que los conjuntos neuronales codifican los estímulos visuales y los pueden sustituir.

La interpretación más lógica de todo esto es que los ratones, y consecuentemente todos los mamíferos, incluidos los humanos, utilizan los conjuntos neuronales como código interno para plasmar el mundo exterior, bien para representar mentalmente las cosas o para evocarlas, como si fueran sus recuerdos o memorias. Nuestros resultados eran una demostración directa de las hipótesis kantianas y del modelo de Hopfield; además, confirmaban que con esta neurotecnología avanzada no solo se podía descifrar la actividad cerebral, sino también controlarla.

UNA NOCHE EN VELA

Ese día volví a casa feliz por los cuatro costados, porque habíamos cogido al toro de la corteza cerebral por los cuernos, manejándolo por dentro, utilizando su código interno de conjuntos neuronales para manipularlo según nuestra voluntad. Ese experimento representa también la culminación de casi una década invirtiendo tiempo, dinero y esfuerzo, incluyendo dos tesis doctorales, en desarrollar métodos holográficos para tocar el piano con la corteza cerebral en tres dimensiones. Ese día no dormí, pero no por la euforia del descubrimiento, sino por otra razón. Me di de bruces con un pensamiento que nunca se me había ocurrido hasta entonces: lo que hoy podemos hacer en un ratón, mañana se podrá hacer en un ser humano. Nuestras mismas técnicas, el abordaje para descifrar y controlar la actividad cerebral y hacer moverse al ratón como una marioneta, se podrían aplicar a los seres humanos. La tecnología, o la ciencia en general, es neutra. Aunque los científicos queramos ayudar a la humanidad y es evidente que estos métodos se podrán utilizar en un futuro no solo para entender el cerebro humano, sino también para mejorar el diagnóstico, la comprensión y la terapia de las enfermedades cerebrales. Pero no es difícil imaginar la utilización de la neurotecnología para objetivos que no sean precisamente benéficos. Estuve toda la noche dando vueltas en la cama, bañado en un sudor frío, pues me sentía personalmente responsable de haber abierto la caja de Pandora del cerebro, para bien o para mal. Igual que en la película *Oppenheimer* sobre la creación de la bomba atómica, en la que al protagonista le cambia la cara cuando ve explotar la primera bomba y se da cuenta de lo que ha creado. Mientras todos los demás están felices y contentos por el éxito del experimento, Oppenheimer lo está pasando mal. Así me sentía yo aquella noche, y ese pensamiento de responsabilidad no me ha abandonado nunca. Otra de las increíbles casualidades del destino es que el reactor nuclear donde comenzó el proyecto de la bomba atómica estaba situado precisamente en el edificio Pupin, justo al lado de nuestro laboratorio. Por tanto, para entrar a trabajar, yo mismo paso todos los días por delante y es imposible no pensar en ello. De hecho, el proyecto de la bomba atómica se llamó Proyecto Manhattan precisamente porque se localizaba en este edificio de la Universidad de Columbia, sede hasta hoy del Departamento de Física, que se nutrió de muchos científicos judíos alemanes que huían de los nazis, convirtiéndose en el grupo más importante de físicos de partículas del mundo.

Pero, aunque todo empezó en este edificio, donde hay una placa muy discreta que lo conmemora, los militares se acabaron llevando el Proyecto Manhattan al desierto en Nuevo México, no porque estuviesen preocupados por el riesgo de la radiación y de desarrollar una bomba atómica en medio de la ciudad de Nueva York, sino para proteger el proyecto de los espías alemanes.

Ese «momento Oppenheimer» fue para mí un cambio radical en mi manera de pensar. Hasta entonces, siempre que me preguntaban mi opinión sobre las películas de ciencia ficción como *Matrix*, donde hay neurotecnología que se utiliza para leer la mente de las personas, controlar a los humanos para mantenerlos esclavizados, o donde hay soldados que son híbridos, medio humanos-medio máquinas, respondía que eran todo tonterías, que eso no se podía hacer. Pero aquel día me tragué mi honra y reconocí en casa que no eran tonterías. De hecho, desde mi día Oppenheimer tengo una enorme aversión a las películas de ciencia ficción. El asunto ya no me parecía nada divertido, pues me tocaba de frente. Sin quererlo, me había metido en medio de este mundo, abriendo una puerta que no se podía cerrar y con la responsabilidad del anfitrión de asegurarse de que la nueva casa esté en orden.

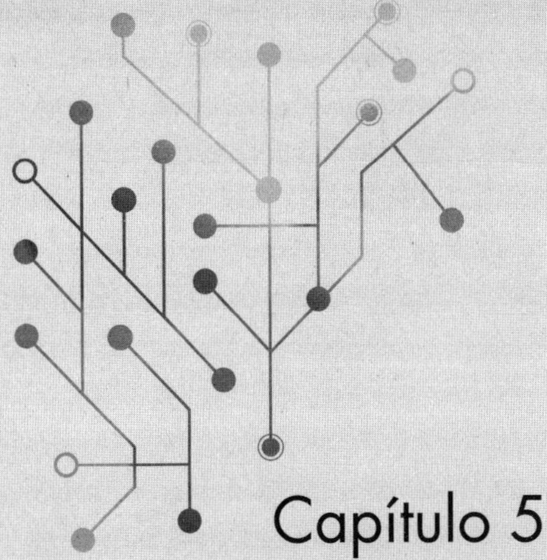

Capítulo 5

El nacimiento de los neuroderechos

WASHINGTON, TENEMOS UN PROBLEMA

Permanecer apartado del ruedo público me duró dos telediarios. A pesar de mi vuelta al laboratorio y de dejar el proyecto BRAIN en buenas manos, las consecuencias de los experimentos que habíamos realizado en ratones, descifrando y controlando su percepción visual y convirtiéndolos en marionetas, no me dejaban en paz. Cada día, al entrar en el edificio pasaba por delante del Pupin Hall y no podía menos que pensar en la responsabilidad que teníamos al afrontar el problema de las consecuencias éticas y sociales de la neurotecnología que estábamos fabricando con tanto esmero y con intenciones tan benéficas. Tenía que volver a involucrarme. De hecho, en la propuesta original de la Iniciativa BRAIN de 2011, en un párrafo al final, alertábamos al presidente Obama de la necesidad de estudiar las consecuencias éticas de las tecnologías, aunque en este párrafo no elaborábamos mucho la cuestión. Como ocurre muchas veces, este párrafo de buenas intenciones se perdió en la vorágine de los años venideros, y no se hizo nada al respecto, a pesar de mi admiración por el presidente Obama y su gran obra.

La Iniciativa BRAIN estaba ya en marcha y teníamos que corregirlo.

En uno de mis viajes a Washington, cuando todavía formaba parte del consejo asesor, conté los resultados de nuestros experimentos y propuse la necesidad de involucrar cuestiones éticas en la Iniciativa BRAIN. Lo discutimos entre todos y decidimos crear un comité de neuroética propio: nos unimos media docena de voluntarios, científicos sin ninguna formación en el tema y simplemente movidos por ayudar en la situación, aunque incorporamos a expertos externos en bioética. Como no teníamos entidad oficial, nos denominamos Comité Asesor de Neuroética, pero nos avisaron de que no podíamos hablar en representación del NIH o de la Iniciativa BRAIN, para evitar problemas legales, ya que eran entidades financiadas con dinero público. Las primeras reuniones fueron muy frustrantes. Aunque en principio todo el mundo estaba de acuerdo en que había problemas éticos importantes en el desarrollo de la neurotecnología, y, de hecho, todavía no me he encontrado a nadie que no esté de acuerdo, nadie movía un dedo por solucionarlos. Reunión tras reunión, me parecía que el objetivo principal de algunos miembros del comité no era solucionar el problema, sino ser miembro del comité.

EL INFORME BELMONT NO SE TOCA

Recordando algunas clases de la Facultad de Medicina en Madrid, volví a estudiar los fundamentos de la ética médica. La medicina tiene un código ético muy fuerte, un código deontológico que describe cómo hacer lo correcto en una situación peliaguda, incluso de vida o muerte, en la que se ven involucrados los médicos. Este código ético es tan antiguo como la profesión: el galeno y filósofo griego Hipócrates, que vivió cuatro siglos antes de la era común y es considerado el padre de la medicina, fue el primer médico en la historia que incluyó unas reglas éticas en sus enseñanzas, codificadas más tarde como el llamado juramento hipocrático.

Este juramento, que incluye los principios de confidencialidad y no maleficencia (no hacer daño), es enunciado y asumido desde entonces por todos los médicos del mundo al acabar su formación. Es un juramento que se toma de manera individual, sobre nuestras conciencias, y algo que nunca se olvida. Esto ha permitido, de una manera simple y directa, que todos los médicos en la historia sean esencialmente agentes de bien, profesionales cuyo primer deber es ayudar y que trabajan en pos de la salud de la humanidad. Este juramento antiquísimo ha dado lugar a lo largo de la historia a muchas actualizaciones en forma de reglas y recomendaciones de ética médica, que forman a su vez la base de todas las legislaciones médicas del mundo. Dentro de estas actualizaciones, quizá la más famosa es el informe Belmont de 1978, elaborado en Estados Unidos por la Comisión Nacional para la Protección de los Sujetos Humanos de la Investigación Biomédica y Conductual. Este informe surgió de la protesta pública clamorosa ante la utilización de seres humanos como cobayas en un estudio de la sífilis en sujetos de raza negra en el sur de Estados Unidos. Se denominó Informe Belmont en honor al Centro de Conferencias Belmont en Maryland, donde se reunió la Comisión Nacional durante su redacción.

El Informe Belmont identificó tres principios éticos fundamentales para la medicina y los estudios clínicos: beneficencia (hacer el bien a los pacientes), justicia (tratar a todos los pacientes por igual) y respeto a la dignidad de las personas (tratar a los pacientes como fines en sí, no como medios). Estos tres principios del informe Belmont son simples y poderosos, y me parecían ideales para solucionar los problemas éticos de las neurotecnologías, así que propuse al Comité de Neuroética la posibilidad de actualizar el informe Belmont, aplicándolo a las neurotecnologías y generando una especie de decálogo que sirviese como una deontología para orientar el desarrollo y la aplicación de estas neurotécnicas tan potentes. Aunque me pareció un camino lógico, mi propuesta fue boicoteada por varios miembros del comité, incluidos los dos codirectores, que argumentaron que el informe Belmont era perfecto y que no había necesidad de tocarlo o actualizarlo. Sinceramente, creo que el boicot simplemente se debió a que la sugerencia no se les había ocurrido a ellos. De hecho, años más tarde, cuando yo ya había dejado el comité y habíamos logrado generar ese decálogo por nuestra cuenta, el mismo comité tuvo que hacer un decálogo de recomendaciones precisamente como el que yo había sugerido, aunque a regañadientes, en respuesta a un requerimiento del director del NIH.

EL GRUPO DE MORNINGSIDE

Después de muchas reuniones en vano, llegué a la conclusión de que el principal obstáculo para la solución de los problemas éticos de la neurotecnología era el mismo comité. Desafortunadamente, me he encontrado con situaciones parecidas en mi carrera: es mucho más fácil quejarse de las cosas que hacer algo por solucionarlas, y los personalismos y los egos entierran muchas veces el trabajo de personas bienintencionadas. Decidí dimitir y trabajar por mi cuenta con personas afines para buscar otras vías e involucrarme directamente en abordar los problemas éticos que se nos avecinaban. Si no lo hacíamos nosotros, no lo haría nadie.

Entonces, decidí aprovechar una organización paraguas que

habíamos creado en 2014 en la Universidad de Columbia para englobar a una docena de laboratorios interesados en desarrollar métodos para la neurociencia: se trata del Neurotechnology Center (<https://ntc.columbia.edu/>) y fue creado para poner nuestro granito de arena desde la Universidad de Columbia en la Iniciativa BRAIN. Es una organización modesta, sin apenas presupuesto, que consiste en un centro virtual que coordina colaboraciones científicas, proyectos y becas, y que desde el comienzo ha organizado un programa vibrante de reuniones científicas, veinticinco hasta ahora, enfocadas en distintos aspectos relacionados con la neurotecnología (<https://ntc.columbia.edu/symposia/>). Utilizamos este centro para organizar una reunión pública sobre los problemas éticos y sociales de la neurotecnología, junto con mi colega la filósofa Sara Goering, experta en tecnología y libre albedrío. A este simposio de 2016 convocamos a doce expertos de distintos campos para discutir cuestiones de identidad personal, libre albedrío y aumentación mental. La reunión tuvo lugar en el edificio de Moneo, justo enfrente del Pupin Hall, con la carga histórica que eso significa. Todos y cada uno de los expertos que hablaron dijeron lo mismo: la utilización futura de la neurotecnología llevará a problemas éticos muy importantes e incluso existenciales para la humanidad. No era ciencia ficción. Había que hacer algo: era el momento de actuar.

Sara y yo decidimos escribir un artículo resumiendo las ideas del simposio, hablando también de ética médica y marcando la ruta de siguientes pasos. Lo publicamos en la revista *Cell*, una de las más importantes en Biología, y acto seguido organizamos otra reunión, también en el edificio de Moneo, para preparar un informe inspirado en el de Belmont, enfocado en la preparación de unas recomendaciones éticas sobre la neurotecnología. A esta reunión-taller, ya a puerta cerrada y que ocurrió en 2017, invitamos a un grupo de veinticinco personas, que incluían a representantes de la Iniciativa BRAIN y de los proyectos similares en China, Japón, Corea del Sur, Australia, Europa, Canadá e Israel. También invitamos a expertos en bioética, neurólogos, médicos, científicos y, por supuesto, expertos en neurotecnologías. Por último, incluimos a gente de la industria, tanto de Silicon Valley como de compañías de la incipiente industria neurotecnológica. Nos encerramos tres días en una sala con ventanales sobre el Pupin Hall y, como el campus de la Universidad de Columbia está en el barrio de Morningside (el lado de la mañana o donde da el sol al amanecer, en inglés) de Nueva York, decidimos que el grupo y el informe consensuado serían llamados también Morningside, un nombre positivo, que anima y que traslada la imagen de comenzar un nuevo día.

EN LA MESA DE LA COCINA

Los veinticinco miembros del grupo de Morningside, bien atiborrados de café, nos repartimos el trabajo y empezamos a deliberar. Fueron tres días muy intensos de discusiones, con ideas fluyendo de un sitio a otro sin parar y perdiéndose el rastro de quién las propuso. ¡Eso sí que era trabajar en grupo! Nos dimos cuenta de que el desarrollo previsto de las nuevas neurotecnologías y su futura fusión con la inteligencia artificial (IA) tendría un profundo impacto en características humanas básicas como el sentido de la identidad, la capacidad de decisión y la privacidad mental. Esto podría alterar profundamente la sociedad, lo que llevaría a un aumento de las capacidades mentales. Por ello, llegamos a la conclusión de que era imperativo que el desarrollo y la aplicación de estas nuevas neurotecnologías y la IA siguieran un conjunto de directrices éticas, similares al informe Belmont, que dieran lugar a protocolos para la protección de los sujetos humanos.

Estas directrices podrían ser aprobadas democráticamente e implementadas por comités científicos profesionales con la participación del gobierno y la sociedad civil. Su mandato sería promover y proteger un conjunto de regulaciones, protegiendo nuestras mentes y nuestra sociedad de los efectos potencialmente negativos de estas nuevas herramientas de *hardware* y *software*, garantizando que esta increíble tecnología se utilice en beneficio de la humanidad. Pero, entre todos, llegamos a la conclusión de que los problemas que pone en la mesa la neurotecnología son tan fundamentales que requieren una receta distinta desde el punto de vista regulatorio, ya que afectan a la esencia misma del ser humano, es decir, a su mente. Por ello, necesitábamos ir al fundamento de las regulaciones legales, a los derechos humanos. Se puede pensar que todas las leyes de todos los países son como las hojas de un árbol; si se sigue tirando de cada una de las leyes, se llega al tronco y a la raíz, formados por los conceptos éticos universales, representados en el concepto de los derechos humanos.

Los derechos humanos son una serie de derechos inherentes a todos los seres humanos que fueron plasmados en la Declaración Universal de 1948, como revulsivo a los horrores de la Segunda Guerra Mundial. La Declaración Universal es el documento que más se ha traducido en la historia de la humanidad, incluso más que la Biblia, y resume en treinta capítulos cortos el derecho a la vida, a la libertad de pensamiento y de religión, a la sanidad, a la propiedad, a la nacionalidad y al asilo, entre otros. Todos estos derechos, que definen mejor que ningún otro documento lo que significa ser humano, están anclados en el concepto básico de la dignidad humana. Los 193 países miembros de Naciones Unidas han ratificado la Declaración Universal, que a su vez ha dado lugar a una serie de tratados internacionales de derechos humanos que desarrollan legal y jurídicamente muchos de estos derechos. Cada uno de estos tratados tiene detrás a un comité de la ONU que lo debate y pone al día, con una serie de países miembros para asegurarse de que tengan un efecto global. Este es el entramado más importante de la legislación internacional y por ello pensamos que era el instrumento adecuado para dar respuesta a los desafíos éticos y sociales de la neurotecnología. Enfocando el tema con un abordaje de derechos humanos, debatimos los problemas potenciales de la aplicación de la neurotecnología a la sociedad y propusimos una solución de derechos humanos, como si fueran unos nuevos «derechos humanos cerebrales» básicos.

Por casualidades de la vida (otra vez aparece el destino en nuestra historia), resulta que mi mujer, Stephanie Golob, es catedrática de Ciencias Políticas y experta en derechos humanos: en una conversación en la mesa de la cocina de casa, acuñó el nombre de «neuroderechos» para describir estos derechos humanos cerebrales, nomenclatura que gustó rápidamente al grupo y se convirtió en nuestro banderín de enganche.

CINCO PROBLEMAS

La idea general de los neuroderechos es anticiparse a posibles problemáticas y cubrirlas de una manera específica dando una respuesta a cada una de ellas dentro del ámbito de los derechos humanos. Los tres días de intensas discusiones se centraron en dos tipos de problemas asociados al uso futuro de la neurotecnología: unos personales y otros sociales. En lo personal, el posible acceso y manipulación de la actividad neuronal de una persona podría llevar a la erosión de la privacidad y la capacidad de ser y de decidir, ya que la actividad cerebral es la causa de ellas y por ello las determina. En el plano social, la posible implantación de las neurotecnologías del consumidor en el mercado, sobre todo si es de una manera masiva como ha ocurrido con los teléfonos inteligentes, podría desencadenar un tipo de problema en las relaciones entre las personas que accedan a la neurotecnología, o incluso entre las personas que tuvieran acceso y las que no.

En definitiva, canalizamos los posibles escenarios futuros en dos tipos de problemáticas y, dentro de cada una, desdoblamos nuestros análisis y propuestas de neuroderechos en un total de cinco áreas, que están todas de alguna manera relacionadas entre sí y que nos permiten un abordaje paralelo y más efectivo, ya que propusimos cinco neuroderechos básicos como soluciones específicas para cada una de ellas: el derecho a la privacidad mental, el derecho a la identidad personal, el derecho al libre albedrío, el acceso justo a la neuroaumentación y la protección contra sesgos y discriminaciones, que detallaré a continuación.

Antes me gustaría aclarar un malentendido que surge frecuentemente. Los neuroderechos no son necesariamente nuevos derechos humanos, sino una propuesta para cubrir estas cinco áreas problemáticas. El entramado de tratados internacionales de derechos humanos existente es complejo, y era posible que algún neuroderecho estuviera cubierto de alguna manera por derechos humanos ya existentes. Descubrirlo requería de un análisis legal y jurídico detallado. Más adelante explicaré cómo lo hicimos en detalle, pero la conclusión demostró que la mayoría de los neuroderechos no están recogidos en los tratados internacionales de derechos humanos. Esto significa que había que ampliar estos tratados para darles acogida, tanto por comentarios generales como opiniones especiales. El que llamemos a estas ampliaciones nuevos derechos humanos o no es una cuestión de semántica, ya que lo que importa no es la nomenclatura, sino que esta problemática tenga respuesta adecuada a la legislación internacional.

LA PRIVACIDAD MENTAL

El primer neuroderecho que propusimos es el derecho a la privacidad mental, para que el contenido de la actividad cerebral no pueda ser descifrado sin el consentimiento explícito del ciudadano. Aunque la preocupación por la privacidad de los datos no es nueva, y ha dado lugar a muchas leyes y regulaciones como el Reglamento General de Protección de Datos (GDPR; Reglamento 2016/679) del Parlamento Europeo, el Consejo de la Unión Europea y la Comisión Europea, los datos cerebrales son especiales y no están incluidos explícitamente en estas leyes, que están diseñadas para datos digitales o biométricos y se redactaron antes de que emergiese la neurotecnología.

Los datos cerebrales contienen en principio la actividad mental de las personas. Otra manera de explicarlo es que la actividad mental está escrita por los disparos de las neuronas del cerebro, por lo que, al medir la actividad cerebral, antes o después se podrá descodificar la actividad mental. Y esto no es baladí, ya que la actividad mental representa la esencia de nuestro ser: nuestros pensamientos, nuestros recuerdos, nuestras emociones, nuestras creencias, nuestras decisiones, nuestra personalidad e incluso nuestro subconsciente, esa parte de nuestra actividad mental que determina gran parte de nuestro comportamiento y de la que no somos conscientes. Como el subconsciente también está generado por el cerebro, podría ser del mismo modo descifrado, con lo que se podría dar la paradoja de que alguien externo podría saber más sobre nuestras propias tendencias y comportamiento que nosotros mismos. La posibilidad de desciframiento efectivo de la actividad mental no es ciencia ficción: aparte de los experimentos con animales de laboratorio, como los ratones con los que trabajamos, donde empieza a ser ya rutinario descodificar la actividad neuronal para entender las bases del comportamiento y la memoria, están apareciendo en el mercado dispositivos portátiles, como cascos de electroencefalograma, que, combinados con algoritmos de IA generativa, se pueden utilizar para descodificar el habla interna de las personas. De hecho, en un estudio de 2023 en Australia, un voluntario utilizó un dispositivo parecido para pedir mentalmente un café expreso solo. Lo lógico es que, extrapolando al futuro, estos dispositivos y algoritmos sean cada vez más potentes y lleguen al mercado de una manera masiva, convirtiéndose en una especie de iPhone cerebral que permita la comunicación no verbal con dispositivos y personas de una manera cada vez más eficiente. Esta situación, que será revolucionaria y seguramente muy beneficiosa para nuestra especie, debería ocurrir en condiciones en las que los datos cerebrales estén escrupulosamente protegidos.

LA IDENTIDAD PERSONAL

El segundo neuroderecho es el derecho a la identidad mental, al *yo*, a nuestra propia personalidad. Esto es algo que nunca se había planteado antes en el mundo jurídico: la posibilidad de que a una persona se le cambie su identidad. Ya ha habido, y sigue habiendo, mucha discusión en la sociedad y en los sistemas legales sobre cuestiones de identidad, por ejemplo, respecto a la identidad de género de las personas. Pero la identidad de la que estamos hablando es más fundamental. Es la identidad mental, la continuidad psicológica de la persona, el que tú sepas quién eres. Esto es algo tan esencial para el ser humano que nunca se ha planteado protegerlo legalmente, ya que hasta ahora no se concebía que se pudiera cambiar el concepto mismo de *yo* de una persona. Aunque esto parezca ciencia ficción, ya se han visto atisbos de este problema en algunos pacientes en los que se ha implantado algún elemento neurotecnológico, como en la estimulación cerebral profunda, que son electrodos que se implantan con neurocirugía en núcleos cerebrales de algunos casos de Párkinson o de depresión profunda, lo que produce disminución de los temblores u otros síntomas, aunque no resuelve el problema clínico de fondo. Pues bien, en un número pequeño de estos pacientes que llevan puestos estos «marcapasos cerebrales», los familiares se quejan a los médicos de que cuando se enciende el dispositivo, el paciente cambia de personalidad, como si se transformara en otra persona. Para hacer el problema todavía más complejo, algunos de estos pacientes se dan cuenta del cambio y se prefieren a sí mismos con la nueva personalidad. Esta situación no es sorprendente para un neurobiólogo, ya que nuestra personalidad, nuestro yo, lo que podemos incluso llamar nuestra conciencia y la capacidad de autorreconocernos, está generada por el cerebro, con lo que, si empezamos a estimular núcleos cerebrales, antes o después daremos con los circuitos involucrados en generar la identidad personal. Aunque todavía no sepamos cómo se genera, eso no significa que no podamos alterarla. Por ello, propusimos que la identidad personal debe ser protegida como un derecho humano básico. De hecho, yo lo pondría en primer lugar en la lista de derechos humanos, ya que, sin ella, no somos nadie. ¿Para qué sirven los derechos humanos si no tenemos garantizado el derecho a existir como personas y tener una identidad propia?

EL LIBRE ALBEDRÍO

El tercer neuroderecho es poder tomar nuestras propias decisiones, nuestra libertad de ser y de actuar, nuestro libre albedrío. Esto, en la cultura anglosajona, se llama la *agency* de una persona, definida como la capacidad de los agentes libres de ejecutar sus propias decisiones. También es algo que parece de ciencia ficción, pero que empezamos a atisbar que estará encima de la mesa con el desarrollo futuro de nuevas tecnologías. El ejemplo de los ratones en nuestro laboratorio, nuestro experimento Oppenheimer, es ilustrativo: con neurotecnología óptica avanzada, al introducir en el cerebro del ratón imágenes visuales artificiales, tomamos el control de su percepción sensorial y le provocamos un comportamiento determinado; es como si fuera una marioneta: haciendo que chupe o no de una cánula con líquido, le activamos un grupo de neuronas u otro. Esto es algo que tampoco debe sorprender a un neurobiólogo, puesto que la toma de decisiones y la *agency* de un sujeto surgen evidentemente de la actividad cerebral, ¿de dónde, si no? De hecho, hay áreas de la corteza cerebral, en la parte delantera del cerebro, que están involucradas en la toma de decisiones, así que podemos imaginar que en un futuro se podría utilizar neurotecnología avanzada para alterar o manipular esta función cognitiva tan importante. Aunque no tenemos constancia por ahora de casos con pacientes humanos que hayan tenido alteraciones en su libre albedrío como consecuencia de la utilización de neurotecnología, es un problema que vemos venir, ya que se ha demostrado en animales de experimentación. La protección del libre albedrío va muy ligada a la protección de la identidad personal, ya que definimos a las personas como sujetos agentes y, por ello, estos dos neuroderechos se pueden considerar como las dos caras de una misma moneda.

EL ACCESO JUSTO A LA NEUROAUMENTACIÓN

El cuarto neuroderecho es el derecho al acceso justo y equitativo a las neurotecnologías de aumentación mental, la neuroaumentación o la mejora de la actividad mental y cognitiva. Aquí ya salimos de la problemática individual para pasar a los problemas sociales, ya que la neuroaumentación afecta directamente a las relaciones que podamos tener con otras personas que estén aumentadas o que no lo estén. Pero ¿de qué estamos hablando? Esto sí que parece ciencia ficción: de hecho, en muchas películas futuristas con escenarios distópicos aparecen personajes que son medio humanos medio máquinas, cuyas capacidades físicas y mentales han sido aumentadas por tecnología. Estos personajes, normalmente los malos de la película, no existen en la realidad, pero llegaremos irrevocablemente a una situación en la humanidad en la que las personas nos aumentaremos con tecnología. El aumento o mejora de nuestra especie es una característica esencial nuestra: los seres humanos llevamos toda nuestra historia fabricando tecnología para mejorar lo que hacemos y nuestras capacidades. Desde el fuego para sobrevivir un duro invierno, hasta la ropa y los zapatos que nos permiten operar en todo tipo de terrenos y condiciones, a las gafas que llevo ahora mismo puestas para aumentar mi visión, etc. No solo llevamos toda nuestra historia aumentándonos, sino que incluso filósofos como Martin Heidegger definen al ser humano precisamente por esta característica: como el animal que fabrica herramientas, evidentemente, para poder aumentar sus capacidades. Por ello, creo que es inevitable que los seres humanos acabaremos incrementando nuestras capacidades mentales y cognitivas, y, por supuesto, físicas, con neurotecnología. Un aperitivo de lo que viene son los teléfonos móviles: la mayor parte de los humanos tenemos hoy en día unos dispositivos en el bolsillo que nos permiten conectarnos a Google Maps, lo que nos permite orientarnos y movernos con destreza en sitios o ciudades donde nunca hemos estado. Desde el punto de vista evolutivo, nuestra especie ha conseguido que prácticamente todos sus miembros tengan un mapa del mundo que se ajusta a sus necesidades. Esta capacidad de orientación inmediata y precisa, que damos por sentada ya que lo tenemos en la punta de los dedos, nos da idea de lo que viene. Imaginad que con neurotecnología podemos incrementar nuestra percepción sensorial, quizá pudiendo detectar percepciones extrasensoriales, como en ultrarrojos, ultrasonidos, o nuestra memoria —teniendo acceso a todos los datos de internet—, o nuestra capacidad de procesar información —utilizando algoritmos inteligentes que procesen grandes cantidades de información para llegar a una decisión rápida—, o asistentes de inteligencia artifical que nos lleven de la mano en el día a día. Estas son capacidades que los seres humanos empiezan a poder hacer con ordenadores e instrumentos científicos, pero que acabarán siendo posibles con dispositivos neurotecnológicos y portátiles. Es difícil no ver cómo la neuroaumentación supondrá un cambio fundamental en nuestra especie, ya que afectará precisamente a la parte más esencial del ser humano: nuestra mente. Por ello, dando por seguro que la neuroaumentación ocurrirá, proponemos que sea introducida en la sociedad bajo el principio universal de justicia, para evitar una fractura en la sociedad humana con dos especies: una aumentada y otra no.

Garantizar desde el comienzo un acceso justo y equitativo a las neurotecnologías que permitan incrementar las facultades mentales y cognitivas puede evitar esta situación, que echaría por tierra siglos de avances y progreso social, volviendo a una situación parecida a las sociedades esclavistas de antaño. Al contrario, la idea es que se utilice la neuroaumentación precisamente para garantizar la igualdad de oportunidades y de facultades de los seres humanos, algo anclado en la idea de la justicia universal.

LA PROTECCIÓN CONTRA SESGOS Y DISCRIMINACIONES

El quinto y último neuroderecho tiene que ver también con las relaciones entre personas y es el derecho a la protección contra sesgos y discriminaciones introducidas por la neurotecnología. Esta, en principio, puede ser de ida o de vuelta: recabando información del cerebro (o del sistema nervioso) e introduciendo información en él. Se puede utilizar para medir o estimular, aunque es mucho más fácil medir la actividad cerebral que alterarla con una estimulación precisa. En animales de laboratorio ya se hacen las dos cosas, mientras que, en humanos, con dispositivos portátiles que no requieren neurocirugía se puede medir la actividad cerebral, pero su estimulación solo acaba de empezar. Pero antes o después, se podrá utilizar neurotecnología para activar de manera precisa el cerebro humano, alterando sus circuitos e introduciendo información externa.

Surge entonces el problema de los sesgos y la discriminación, porque la información externa que se introduce en el cerebro será interpretada como interna, como generada por el mismo cerebro y como parte del universo mental de la persona. Aunque estamos acostumbrados a recibir información sesgada o discriminatoria desde el exterior, tanto en los medios como en las redes sociales, siempre sabemos que la información es externa, y podemos aceptarla como válida o no. Pero al introducir esa información directamente en nuestro cerebro ya no tenemos esa barrera, y aceptaríamos toda la información como parte de nuestra mente y de nuestra manera de pensar. Esto tampoco es ciencia ficción: en nuestros experimentos con ratones, al introducirles imágenes en su corteza visual, pudimos constatar que la información daba lugar a comportamientos idénticos a los que se habrían producido si hubieran sido generados por el animal. En otras palabras, aunque no podemos saber lo que el animal estaba pensando, se comportaba como si estas imágenes artificiales fueran parte intrínseca de su percepción sensorial: los ratones no dudaban y chupaban de la cánula las mismas veces, durante el mismo tiempo y de la misma forma que si lo hubieran percibido y decidido hacerlo ellos. Para un neurobiólogo, esto es exactamente lo que uno se esperaría, ya que alterar los circuitos cerebrales significa alterar la misma fábrica de la actividad mental. Por ello, tenemos que dotar a la actividad cerebral de protecciones especiales que prevengan la introducción de información que pueda tener algún sesgo, que influya en el comportamiento de las personas o que invoque tendencias o ideas discriminatorias. Es de rigor hacerlo.

NUESTRO ARTÍCULO EN *NATURE*

La discusión de los neuroderechos por el grupo de Morningside fue intensa y vibrante, pero confluyó en un acuerdo unánime. Llegó el momento de plasmar las conclusiones del grupo en un informe y, después de considerar varias alternativas, nos decantamos por la revista internacional *Nature*, quizá la revista científica más importante del mundo, donde se han publicado muchos de los grandes descubrimientos en los últimos siglos, incluido, por ejemplo, la estructura del ADN de Watson y Crick. Contacté con una de las editoras de la revista para averiguar si tenían interés en publicar nuestro artículo. Recuerdo la conversación telefónica que tuve con ella desde un aeropuerto mientras esperaba a subirme al avión. Le expliqué con detalle el problema de las consecuencias éticas y sociales de la neurotecnología y cómo nuestro artículo proponía una solución fundamental y global, anclada en los derechos humanos. Ella tardó un poco en entender la situación y, de repente, dejó de hablar, como si hubiéramos perdido la conexión telefónica. Pregunté si seguía al aparato y me confesó que se había quedado de piedra al darse cuenta de la magnitud del problema. Me dijo que tenía una hija pequeña y que con nuestro artículo estábamos decidiendo su futuro y protegiendo a su generación. Yo le dije que ese era exactamente nuestro objetivo, y ella se convirtió en nuestra principal valedora. Con esta involucración personal de la editora de la revista, preparé un artículo —algo siempre complicado si tienes veinticuatro coautores— y, después de un proceso interminable de incorporar ideas y cambios de todos ellos, lo mandé a *Nature*, donde lo publicaron con urgencia, y así distribuyeron el resultado del informe de nuestro grupo de Morningside a todos los rincones del mundo científico.

A pesar de que todos estábamos esperando una reacción inmediata de nuestros colegas, se hizo el silencio. Durante dos semanas, no oímos nada de nadie y, de repente, nos llegó un *email* a todos y cada uno de nosotros de una oficina de abogados de Boston que representaban a una compañía de inversores que se llamaba precisamente Grupo Morningside, dándonos veinticuatro horas para que cambiásemos de nombre a nuestro grupo. En la carta, amenazaban a todas nuestras universidades con acciones legales si no lo hacíamos. ¡Vaya acogida tuvimos! En vez de un espaldarazo de la sociedad por habernos preocupado por construir un mundo mejor, recibimos una amenaza legal con pleitos a la vista. Yo no sabía si reír o llorar. A pesar de que el nombre de Morningside se refería al barrio de Nueva York donde se encuentra la Universidad de Columbia y era el nombre oficial de nuestro campus, los abogados no soltaban la prenda. Hablando con los otros veinticuatro coautores, a quienes estaban volviendo locos los departamentos jurídicos de sus respectivas universidades, decidimos cambiar el nombre del Grupo de Morningside por unas iniciales, satisfaciendo a los abogados del grupo de inversores y evitando una larga batalla legal.

Aparte de estos comienzos agitados, nuestro artículo fue recabando cada vez más notoriedad en el mundo científico y de derechos humanos, recibiendo buenas críticas. De hecho, desde Suiza, el filósofo Marcello Ienca y el jurista Roberto Adorno, aunque no tenían formación o experiencia en neurociencia o neurotecnología, publicaron ese mismo año otro artículo en una revista especializada de derecho internacional en el que consideraban los problemas éticos de las neurotecnologías. En este artículo proponían además una solución basada en nuevos derechos humanos, utilizando también, por casualidad, la palabra neuroderechos para definirlos. Proponían tres neuroderechos que encajaban bien con nuestros tres primeros, con lo que, en vez de veinticinco personas abogando por los neuroderechos, pasamos a ser veintisiete. Los neuroderechos nacían fuertes, brotando a la vez en distintas partes del mundo, con la intención de proteger el cerebro y todo el sistema nervioso con derechos humanos específicos, con una regulación diseñada para mantener intocable la actividad cerebral, el santuario de la mente humana. La coordinación de esta propuesta fue un momento álgido en mi vida: de todos los proyectos en los que he participado, este conjunto de directrices de derechos humanos podría ser el más transformador.

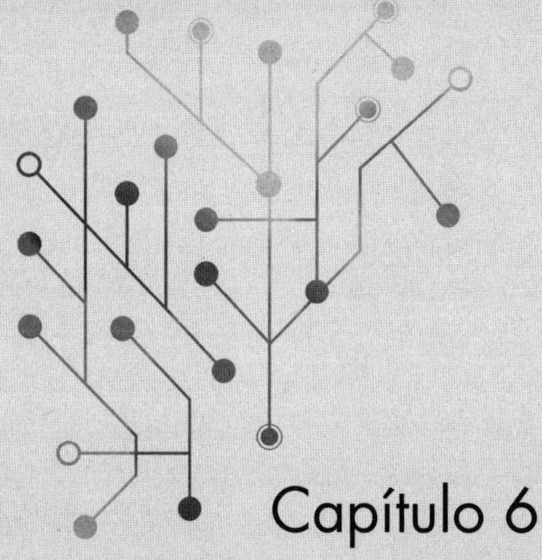

Capítulo 6

Por Chile y Latinoamérica

ARRECIAN LAS CRÍTICAS

Ante mi atónita sorpresa, la mayor parte de las críticas iniciales a nuestra propuesta de neuroderechos fueron negativas. El mundo académico es una competición en ocasiones despiadada por atraer la atención de los colegas y de la sociedad, lo que llaman «publicar o perecer». Desafortunadamente, muchas veces predomina la mentalidad de suma cero: es decir, que la suma de todas las contribuciones de todos los expertos es igual a cero; si alguien hace algo positivo y avanza, eso significa que tú retrocedes. La suma cero es una falacia, porque la ciencia y la medicina, como todas las actividades humanas, son sinérgicas, donde lo que una persona descubre ayuda a todos los demás. Los politólogos y sociólogos han estudiado este problema hasta la saciedad, y parece que es una característica innata de nuestra especie: cuando un grupo de humanos es pequeño en número, colaboran asumiendo un modelo de suma positiva, y cuanto más avance uno, más avanzamos todos; pero, en el momento en que el grupo aumenta, cuando la gente no se conoce personalmente o en situaciones anónimas como en el caso del mercado, los humanos cambiamos de modelo mental y adoptamos el modelo de suma cero.

Por ello, publicar un artículo en una gran revista internacional, además de la atención de todo el mundo, atrae las envidias y críticas despiadadas de muchos colegas, que tendrían que ser los primeros en celebrar tus éxitos porque les revierte positivamente a ellos. Fueron precisamente colegas académicos que trabajan en problemas relacionados con el mundo de la neurotecnología o la bioética quienes dispararon las primeras balas, que llegaron por todas partes. Algunos nos acusaron de que no había problemas éticos en la neurotecnología, y que estábamos imaginándonos escenarios de ciencia ficción. Ignorando nuestros resultados con los ratones de laboratorio y los casos incipientes de descodificación de actividad cerebral en humanos, y las inversiones multimillonarias en neurotecnología en todo el mundo, nos criticaron diciendo que estábamos montando un castillo de naipes basado en nada, y que era demasiado pronto para preocuparse de estas cosas. A estas críticas se sumaron otras exactamente opuestas, que decían que era demasiado tarde para arreglar el problema, porque la neurotecnología y, sobre todo, la IA estaban ya desbocadas y en manos de la industria y que era una pérdida de tiempo intentar regularlas. Vamos, que no había marcha atrás, como ocurrió con internet y las redes sociales, que una vez que empezaron a operar ya no hubo manera de meterlas en el redil otra vez. Otros colegas académicos nos acusaron, incluso de manera vejatoria, de inmiscuirnos en temas de derechos humanos, argumentando que no hacen falta derechos humanos nuevos, pues está todo atado y bien atado. Y hubo también otros colegas que argumentaban casi lo contrario: que se necesitan nuevos derechos humanos, pero que los que habíamos propuesto estaban equivocados. Por último, hubo quienes también argumentaron que nuestra propuesta era acertada, pero que no era original, porque ellos ya lo habían dicho y publicado en un artículo. La guinda la pusieron aquellos que argumentaron que la propuesta era perfecta, pero que los derechos humanos no sirven de nada en el mundo actual, con lo que todo lo que proponíamos nacía muerto.

En realidad, lo que hicimos con la propuesta de neuroderechos fue conectar por primera vez dos campos, el de la neurotecnología y el de los derechos humanos, que involucran a expertos con formaciones y trayectorias muy distintas. Nos dimos cuenta de que el mismo concepto de neuroderechos era algo que causaba alergia a investigadores académicos que se especializaban en uno u otro campo, porque se quedaban con un pie fuera. Por ello, intentaban bloquear el nacimiento de un campo nuevo. Conociendo personalmente a muchos de nuestros colegas, creo sinceramente que esta territorialidad académica explica la mayor parte de las críticas que recibieron nuestros neuroderechos.

EL DILEMA DE COLLINGRIDGE

Ante estas críticas injustas e infundadas, me vi con la necesidad de defender la idea de los neuroderechos. Curtido en las batallas de los primeros días de la microscopía de calcio, de las redes neuronales o de la Iniciativa BRAIN, en vez de amedrentarme, la injusticia de las críticas llevó a que me involucrase personalmente en batallar por los neuroderechos. En este caso de la neurotecnología y los neuroderechos, vi la necesidad de pasar de una declaración de intenciones y recomendaciones, como habíamos plasmado en el artículo de *Nature*, a leyes y protecciones jurídicas concretas. Esta es la distinción que se llama en inglés entre ley «blanda» o *soft*, y ley «dura» o *hard*. Las recomendaciones y decálogos éticos son leyes blandas, en el sentido en que no son vinculantes, mientras que las leyes duras, aprobadas por parlamentos y firmadas por jefes de Estado, no solo son vinculantes y obligatorias, sino que muchas veces establecen sanciones penales para quienes las incumplen. Esta distinción es muy importante en la sociedad de las tecnologías, pues, con la inteligencia artificial, desde los comienzos todo el mundo estaba de acuerdo en la necesidad de regularla por los problemas que iba a ocasionar. Esto dio lugar a lo largo de una década a más de ochenta propuestas y leyes blandas por todo el mundo, que decían prácticamente lo mismo. Pero fueron absolutamente inútiles: aunque todos estaban de acuerdo, como no eran vinculantes, las compañías y los gobiernos que desarrollaban inteligencia artificial siguieron campando a sus anchas, con lo que los problemas se hicieron cada vez mayores. Solamente al final, y quizá llegando tarde a la fiesta, se han empezado a aprobar leyes duras sobre la IA, como la reciente ley europea, pero muchos de los problemas que intenta evitar ya han ocurrido y son irreversibles. Algunas de las personas del grupo de Morningside venían del mundo de la IA y nos habían advertido de este problema con las leyes blandas: que son fáciles de proponer, que se apunta todo el mundo a firmarlas, pero que son completamente inefectivas. De hecho, en una visita a la Casa Blanca, nos confesaron exactamente esto: que todos los esfuerzos que habían puesto en regular la IA con leyes blandas y declaraciones de buenas intenciones por parte de las compañías tecnológicas fueron una completa pérdida de tiempo. Esto se trasluce en el dilema que propuso el sociólogo David Collingridge: cuando una tecnología se inventa, no se conoce bien su alcance futuro y es muy fácil de regular, mientras que una vez que se ha desarrollado, se ven perfectamente claros los problemas, pero ya es demasiado tarde para regularla. No se puede dar marcha atrás al reloj.

EN EL SENADO DE CHILE

Una de las primeras charlas que di sobre este nuevo aspecto de mi trabajo, los neuroderechos, fue en el edificio del antiguo Senado de la República en Santiago de Chile. Resulta que el Senado chileno organiza todos los años un congreso internacional de una semana llamado Congreso Futuro y es una magnífica iniciativa que permite a Chile estar a la vanguardia de cuestiones sociales, políticas, económicas y científicas, al menos desde el punto de vista legislativo. Las charlas son cortas, de quince minutos, como las famosas charlas TED de Estados Unidos. La Comisión del Futuro del Senado estaba dirigida por el senador Guido, que defendió la famosa ley chilena del etiquetado, que regula la venta y distribución de comida «basura», de alto contenido calórico, para evitar su efecto en la obesidad infantil y de la población en general. A este congreso me invitaron para que hablase de nuestros experimentos con ratones, pero les di el cambiazo y acabé hablando de neuroderechos.

Fue una charla que dio en el clavo y electrizó a la audiencia, algo que yo no me esperaba. Resulta que la sociedad chilena está muy concienciada en materia de derechos humanos debido a la terrible historia de abusos cometidos durante la dictadura de Pinochet. De hecho, quizá el museo de derechos humanos más importante del mundo no está en las sedes de la ONU en Nueva York o Ginebra, sino en Santiago: en el sobrecogedor Museo de la Memoria, la rampa de entrada exhibe tallados en la pared los treinta artículos de la Declaración Universal de los Derechos Humanos, algo que generaciones de chilenos han tenido grabado, muchas veces con sangre, en sus propias vidas. Que un científico, además hablando en castellano, abogase por nuevos derechos humanos para proteger la actividad mental caló en el público, especialmente en los miembros de la Comisión Desafío del Futuro y sobre todo en su presidente, el senador Girardi, que es médico de profesión y con quien me entendí perfectamente. Con su suave acento español y diciendo verdades como puños, Girardi es un político valiente, profundamente comprometido en causas sociales y el ejemplo perfecto de una persona que ama a su país y quiere ayudar a mejorarlo. Salí de ese congreso con un nuevo amigo.

BAJO LAS ESTRELLAS EN ATACAMA

Mi conferencia en el Congreso Futuro dio lugar a una segunda invitación a participar el siguiente año, ocasión en la que nos llevaron de excursión un fin de semana a distintas regiones de Chile. Estas excursiones son magníficas oportunidades para interactuar de una manera informal y forjar nuevas colaboraciones o amistades. Ese año nos llevaron al desierto de San Pedro de Atacama, donde disfrutamos de sus incomparables noches estrelladas. Durante ese fin de semana, Guido y yo hablamos mucho de cómo promover los neuroderechos. Y fue después de cenar, charlando bajo las estrellas, cuando Guido sugirió la idea de mover el tema en Chile con un abordaje en paralelo con dos proyectos de ley: una enmienda constitucional y una ley de neuroderechos. Hasta entonces yo siempre había rehusado involucrarme en temas legales, por mi pasión por la ciencia y la medicina, pero entendí que lo que Guido proponía era un paso lógico y necesario. Chile podría ser el laboratorio piloto para un abordaje legal a la neuroprotección. Nos fuimos a la cama esa noche convencidos de lo que había que hacer, y con una sensación de vértigo al darnos cuenta de que ese momento mágico en la noche estrellada de Atacama podría acabar en los libros de historia.

TRABAJANDO CON LOS JURISTAS

Durante un período de más de dos años y con diez viajes a Chile, avanzamos en la posibilidad de una legislación sobre neuroderechos. Me reuní con el excelente equipo jurídico del Senado de la República, y formamos un pequeño grupo de trabajo de juristas y abogados al que me incorporé como asesor externo. El informe que se redactó se convirtió, en mi opinión, en el mejor estudio de la neurotecnología y de los problemas éticos y sociales, hasta el punto que en los años venideros se tradujo al inglés y se volvió un requerimiento de muchas organizaciones y parlamentos. ¡Buen comienzo para el proceso chileno!

El siguiente paso fue diseñar jurídicamente una enmienda constitucional al artículo 19 de la Constitución chilena, que protegía la actividad cerebral de la ciudadanía, sin entrar en detalles sobre qué era la neurotecnología y todas sus posibles consecuencias éticas y sociales. Por ello decidimos un párrafo corto, simple y directo, que mencionaba la necesidad de proteger como un derecho constitucional básico la actividad neuronal de los ciudadanos. Utilizando la palabra «neuronal» pudimos incorporar protecciones tanto al sistema nervioso central, con el cerebro y la médula espinal, como a los nervios periféricos. Por último, a este párrafo añadimos la coletilla de que se protegía no solo la actividad neuronal de posible interferencia externa, sino también la información procedente de ella, es decir, los datos neuronales. Creo que, hasta hoy, la frase «proteger la actividad neuronal y la información procedente de ella» sigue siendo, quizá, la forma más elegante y sencilla de expresar la agenda entera de los neuroderechos.

EN LA CASA DE LA MONEDA

Tras esto, me involucré en una larga campaña de apoyo a la enmienda constitucional, y ofrecí numerosas conferencias y reuniones privadas a lo largo y ancho del país, en una serie de viajes con la epidemia de COVID de por medio. Además, me tocó lo más difícil: ponerle el cascabel al gato, en este caso, al presidente de la República, Sebastián Piñera Echenique. Obtener el apoyo de Piñera no era fácil, ya que representaba al partido político opuesto al de Girardi, y ellos dos llevaban una larga trayectoria de enfrentamientos políticos por cuestiones de toda índole, aunque eran muy cordiales por la exquisita educación de ambos. Era necesario convencer a Piñera para que apoyase la enmienda constitucional, y Guido y sus asesores pensaron que yo era la persona indicada para hacerlo. En la visita a la Casa de la Moneda me acompañaron Guido y el ministro de Ciencia, Andrés Couve, un colega neurobiólogo con el que había tenido relación científica, ya que había mandado a mi laboratorio a uno de sus mejores estudiantes.

La Moneda, creada por el rey español Carlos III en 1772 y que ocupó un antiguo convento jesuita, es un palacio impresionante en mitad de la amplia Alameda, la avenida más importante de Santiago. El edificio fue bombardeado en 1973, durante el golpe de Estado de Pinochet. Yo había oído hablar mucho del asalto a la Real Casa de Moneda desde niño, ya que uno de mis mejores amigos del colegio en Madrid era hijo del médico de Allende, que escapó vivo de ese bombardeo y acabó exiliándose con su familia precisamente a nuestro barrio de Argüelles. Cuando llegué al Palacio de la Moneda me quedé impactado, pues en sus aleros todavía quedaban algunos agujeros causados por las balas y morteros de ese día aciago. Piñera nos recibió a los tres en el Salón Azul, una de las salas más importantes del palacio, al lado de su despacho y con un impresionante cuadro de Roberto Matta. La conversación fue intensa y duró más de una hora y media, pero noté un brillo especial en los ojos de Piñera: él quería involucrarse personalmente. Había merecido la pena el viaje desde Nueva York.

SE APRUEBA LA ENMIENDA CONSTITUCIONAL

Con los deberes hechos, tanto jurídica como políticamente hablando, Guido introdujo la enmienda constitucional en el Senado, que se empezó a debatir y a votar en 2021. Después de su aprobación por votación unánime en el Senado y la Cámara, la ley 21383, que «modifica la carta fundamental para establecer el desarrollo científico y tecnológico al servicio de las personas», fue trasladada al Gobierno de la Nación en La Moneda y firmada por el presidente Piñera. El 14 de octubre de 2021, Chile se convirtió en el primer país del mundo en proteger los neuroderechos de sus ciudadanos.

Aparte de ser la primera vez que la actividad cerebral estaba protegida legalmente, poniendo coto a los posibles usos problemáticos de la neurotecnología, la aprobación de la enmienda constitucional de los neuroderechos constituyó un éxito interno para Chile. Fue un proceso limpio, en el que no nos encontramos con personalismos o maximalismos, sino con todo tipo de agentes sociales, desde los taxistas que me recogían en el hotel hasta el presidente de la Nación, pasando por los estudiantes, científicos, médicos, abogados, periodistas y políticos con los que tuve que tratar, que, sinceramente, querían lo mejor para su país y se sentían orgullosos de ser chilenos y de involucrarse en un tema en el que Chile podía marcar el paso al mundo. Igual que las reuniones con el equipo de Obama en la Casa

Blanca, la enmienda constitucional de Chile me dio confianza en la humanidad, en cómo el trabajo conjunto, dejando de lado los egos, puede hacer cosas transformadoras. El proceso tuvo una coletilla trágica: Piñera se mató en un accidente del helicóptero que él mismo pilotaba, pero la enmienda constitucional de neuroderechos será algo que siempre pertenecerá a su legado y que no hubiera ocurrido sin su apoyo.

LA LEY DE NEUROPROTECCIÓN SE ATASCA

El segundo proyecto con Guido fue impulsar una ley específica de neuroprotección que desarrollase la enmienda constitucional para aterrizarla en el sistema jurídico y legal chileno. Me involucré también a fondo en la redacción de esta ley, que pasó la votación en el Senado también con unanimidad. Pero la discusión de la ley de neuroprotección en la Cámara de Representantes fue más complicada, ya que los representantes en Chile de las compañías tecnológicas y de datos se organizaron para frenarla. Contrataron a un lobista experto que participó en la vista pública del proyecto de ley e intentó torpedearlo con todo tipo de argumentos, muchas veces tan exagerados que eran irrisorios, e incluso contradictorios entre sí. Echó mano de artículos de algunos académicos que criticaban la idea de los neuroderechos, artículos también contradictorios entre sí. La oposición del lobista, representando la voz de su amo, era que la neurotecnología no necesitaba regulación ninguna y que regularla impediría el desarrollo económico del país y haría de Chile un paria internacional que se quedaría fuera de grandes inversiones futuras. Rebatí sus argumentos uno por uno, pero su objetivo era meter miedo, causar confusión y retrasar la aprobación de la ley. Desafortunadamente, lo consiguió. A pesar de que la mayoría de los diputados estaban al cien por cien detrás del proyecto de ley, se quedó atascado en la comisión de la Cámara. El lobista y las compañías tecnológicas habían conseguido su objetivo de parar y retrasar el proyecto de ley, que perdura hasta hoy en día.

SUBIDO AL ÁRBOL DE BORIC

La razón por la que nunca se celebró una segunda vista de la ley fue por la llegada de las elecciones presidenciales. La presidencia de Piñera había acabado y, después de una reñida campaña, salió elegido Gabriel Boric: el presidente más joven y también el elegido por más votos en la historia de Chile. A diferencia de Piñera —que era conservador—, Boric es progresista, con lo que todos supusimos de entrada que impulsaría los neuroderechos incluso más que Piñera. Tuve una conversación con Boric —en la que, como dicen en Chile, tuvimos «muy buena onda»— justo cuando, por otra casualidad del destino, yo acababa de llegar a Santiago de Punta Arenas, capital de la región de Magallanes y su ciudad natal. Allí había visitado el magnífico ciprés patagónico de la avenida Colón, desde cuya copa plana, como si fuera un estrado, Boric había celebrado alguno de sus mítines que lo hicieron famoso. Como me encanta subir montañas, escalé el árbol y se lo comenté a Boric, que se rio, diciéndome que «desde su copa se ve el futuro». Boric me pareció una persona buena y honrada, sin pretensiones, movido por el interés de ayudar a su país, y que, además, estaba completamente de acuerdo con la idea de los neuroderechos. Volví a Nueva York feliz y contento, suponiendo que la ley de neuroprotección en breve seguiría su curso y sería aprobada por la Cámara y firmada por él. Pero eso nunca ocurrió; no por falta de sintonía personal o ideológica, sino porque el tema fue sobrepasado por todo tipo de cuestiones urgentes con las que tuvo que lidiar el nuevo gobierno. De hecho, Boric fue elegido como respuesta a un gran estallido social, que reflejaba una gran problemática económica. El Gobierno de Boric, naturalmente, se enfocó en otros temas de evidente importancia y urgencia. A día de hoy, casi cinco años después de la redacción del proyecto, está todavía en vías de revisión en una segunda vista por la comisión de la Cámara. Aunque no he perdido la esperanza de que salga adelante, me duele que todo el duro trabajo que realizamos y la ilusión que pusimos en la ley de neuroprotección no haya fructificado. Para mí fue una lección aprendida: la dificultad de navegar en las cambiantes aguas políticas y jurídicas, no por cuestiones ideológicas, sino por cuestiones técnicas, de estrategia y calendario legislativo. Estas circunstancias han generado una ironía de la historia: que fue Piñera, el presidente conservador, y no Boric, el presidente progresista, quien dio el primer gran impulso a los neuroderechos en Chile y en el mundo.

EL PRIMER PLEITO SOBRE NEUROTECNOLOGÍA

A pesar de que la ley de neuroprotección se atascó, el progreso de los neuroderechos en Chile no se detuvo. Dos años después de la aprobación de la enmienda constitucional, se abrió un nuevo capítulo inesperado, gracias a la colaboración del senador Girardi con el bufete santiaguino de Ciro Colombara. Ciro es un brillante abogado y experto en litigación estratégica, para forzar de una manera apolítica y estrictamente técnica a ciertas organizaciones y gobiernos a tomar partido en temas de derechos humanos. Un ejemplo de ello es el Caso Rapa Nui, en que Ciro representó al

Parlamento de la Isla de Pascua (o Rapa Nui) en un pleito contra el Estado de Chile, que fue aceptado por la Comisión Interamericana de Derechos Humanos, por incumplimiento del Acuerdo de Voluntades en 1888, en el que los representantes de los nativos accedieron a dar la soberanía de la isla a la República de Chile, siempre que esta se hiciera cargo de la seguridad y el bienestar de la población de la isla. El tratado no fue respetado, ya que la población fue esencialmente esclavizada y diezmada, lo que llevó al colapso de la población y la cultura local durante su colonización. Este pleito ha forzado a Chile a reconsiderar su relación jurídica y social con la isla, posiblemente de una manera irreversible.

Colombara y su equipo coordinaron una estrategia para litigar un caso de neuroprotección en Chile. Girardi, como ciudadano de a pie, compró un dispositivo neurotecnológico comercial, una diadema de la compañía norteamericana Emotiv que mide ondas cerebrales y las analiza: lo encendió y, acto seguido, con el apoyo del bufete de Colombara, demandó a la compañía por usurpación de sus nuevos derechos constitucionales. El pleito llegó a la Corte Suprema del país, que en 2024 falló, de una manera unánime, dando la razón al ciudadano Girardi y forzando a la compañía neurotecnológica a borrar todos sus datos y a someterse a la inspección de las autoridades sanitarias. Esta sentencia sobre neurotecnología es la primera en el mundo y supone un precedente de jurisprudencia legal que es ley *de facto* en Chile. De esta manera, sentencia a sentencia, las cortes judiciales pueden establecer un corpus legal. Con el caso Girardi vs. Emotiv, añadido a la enmienda constitucional, Chile se convirtió en el primer país en no solamente proteger legalmente, sino también jurídicamente, a sus ciudadanos.

SE INVOLUCRA LA OEA

El resto de Latinoamérica se incorporó de muchas maneras a la protección de la actividad cerebral. A consecuencia de la enmienda constitucional de Chile, representantes chilenos en la Organización de Estados Americanos (OEA) discutieron internamente la posibilidad de que la OEA se involucrase en este debate. La OEA es una organización multilateral a la que pertenecen todos los países de las Américas, con excepción de Cuba y Nicaragua, que, desde 1948, coordina las políticas legislativas, sociales y de seguridad del hemisferio. Como una ONU, pero para las Américas, la OEA ha jugado un papel importante en la defensa de los derechos humanos y en poner en evidencia a regímenes totalitarios en el continente. El Comité Jurídico Interamericano de la OEA, dirigido por el jurista boliviano Ramon Orias, nos convocó a varias reuniones de trabajo para estudiar a fondo la temática de los neuroderechos y la neurotecnología. El comité elaboró unas recomendaciones y el documento, titulado «Principios interamericanos en materia de Neurociencia, Neurotecnologías y Derechos Humanos», fue aprobado por unanimidad. De esta manera, la OEA fue la primera organización internacional que se involucró en la defensa de los neuroderechos.

EN LA CASA ROSADA Y EL CONGRESO DE ARGENTINA

Casi inmediatamente después de que se aprobase la enmienda constitucional en Chile, recibí una llamada del Gobierno de Argentina, a través de su embajada en Nueva York. Chile y Argentina tienen fuertes relaciones humanas, culturales, económicas y políticas, y desde Argentina se había seguido con mucho interés el Congreso Futuro y sus ramificaciones en la neuroprotección. Hablando con Iván Petrella, que trabajaba en la Casa Rosada asesorando al presidente Macri en temas culturales, sociales y tecnológicos, me invitaron a visitarles para explorar la posibilidad de promover una ley en Argentina para proteger la actividad cerebral. En una visita inolvidable, Iván me recibió en la Casa Rosada y me enseñó el busto de Evita Perón y el famoso balcón desde donde hablaba. Pero lo que más me impresionó fue la sala donde nos reunimos: en el centro de la planta noble, en una gran mesa, rodeados por fotos de científicos argentinos, incluidos varios premios Nobel, que decoraban las paredes. En esta reunión propusieron una estrategia para involucrar al Senado de la República para que introdujese una ley sobre neurotecnología. Con las mismas fuimos al Senado, andando por la Avenida y la Plaza de Mayo, ya que el tráfico estaba endiablado, hasta llegar al edificio del Congreso de la Nación. Dentro del Palacio del Congreso, en una sala decorada a la inglesa y mientras nos ofrecían té y galletas, Iván y yo tuvimos una reunión muy cordial con media docena de senadores, incluida la presidenta del Senado, que me pidieron que les pusiera al día de la problemática y de los esfuerzos legislativos en la materia. Los senadores argentinos me impresionaron por su educación exquisita, gran cultura, inteligencia y buena disposición; quizá haya sido la reunión de más altura intelectual de todas las que he mantenido con representantes de la ciudadanía desde que empecé mi cruzada por los neuroderechos. En otra demostración de consenso político unánime, se pusieron todos de acuerdo para presentar un anteproyecto de ley de neuroderechos y, con un apretón de manos, salimos del Congreso con el apoyo de este grupo influyente de senadores. Después de esta visita, las elecciones presidenciales en Argentina, que ocurrieron a los pocos meses, defenestraron al gobierno de Macri, incluyendo a Iván y todas sus iniciativas, a pesar de que fueran políticamente transversales y apartidistas. Fue una pena observar cómo un proceso político deshace el trabajo conseguido y el consenso en cuestiones de interés general, algo que no es único de Argentina. Si hubiera ido a la Casa Rosada seis meses antes, Argentina podría haber acabado siendo el primer país en el mundo con una ley de neuroderechos.

HASTA EL TAXISTA LO SABE

Otro país que siguió muy de cerca el proceso chileno fue Brasil, la gran potencia regional en términos geográficos, económicos y de población. Camila Pintarelli, procuradora de Estado del estado de São Paulo, el más poblado y rico de Brasil, contactó con nosotros para discutir la posible participación de Brasil en los neuroderechos. Camila decidió preparar un proyecto de enmienda constitucional a la Constitución federal de la República para incorporar la protección a la actividad cerebral. El proyecto fue presentado en el Senado de Brasilia por nada menos que Randolfe Rodrigues, quizá el senador más famoso del país, pues lideró la oposición a Bolsonaro. Esta enmienda, a la chilena, enmendaba el famoso artículo quinto de la constitución, llamado por los brasileños el «artículo patrio», pues detalla uno a uno todos los derechos fundamentales de los ciudadanos brasileños. Este artículo es algo que aprenden todos los brasileños en el colegio, y pude comprobarlo personalmente porque en mi primer viaje relámpago a Brasil para apoyar públicamente esta enmienda, el taxista que me llevaba al aeropuerto en São Paulo conocía perfectamente el artículo 5. El senador Rodrigues, del bando progresista, consiguió rápido el apoyo de senadores conservadores para que el proyecto de enmienda fuera aceptado para discusión. Pero, a pesar de contar con un amplio apoyo político, todavía no se ha discutido el proyecto en comisión, por una parálisis legislativa en el Senado de Brasil debido de nuevo a motivos políticos.

No obstante, Camila Pintarelli organizó visitas para hablar de neuroderechos en la Facultad de Derecho de la Universidad de São Paulo, una de las más importantes del país. En todas partes adonde íbamos multiplicábamos los apoyos a los neuroderechos. Camila me convenció para montar un encuentro a bote pronto con el gobernador del estado de Río Grande, que es mayor que muchos países europeos, culturalmente muy parecido a los vecinos Uruguay y Argentina, con tradición gaucha y una gran emigración europea —portuguesa, alemana e italiana—. Estaba destinado a ser un país independiente hasta que fue asimilado por Brasil tras una guerra fronteriza. Pero Río Grande es particularmente famoso internacionalmente por su experiencia en los presupuestos participativos: desde 1991, los presupuestos municipales de Porto Alegre se deciden en asambleas de vecinos, en un ejercicio de democracia de base que no solo ha dado muy buen resultado, sino que se ha copiado en todo el mundo, sobre todo en democracias avanzadas como los países escandinavos.

Por esta tradición tan democrática, Camila pensó que era una buena idea intentar mover el tema de los neuroderechos en Río Grande a la vez que en el Senado Federal en Brasilia. Desafortunadamente, el gobernador del estado, Eduardo Leite, que es una estrella de *rock* de la política brasileña, se encontraba en Brasilia el día de nuestra visita, pero nos recibió el vicegobernador, Gabriel Souza. Antes de hablar con él, tuvimos que pasar dos filtros de personal administrativo, y en cada uno de ellos nos ofrecieron un *cafezinho*, un café brasileño solo, pequeño pero muy fuerte, que tomamos por cortesía. Por supuesto, cinco minutos más tarde, en el despacho del vicegobernador, con magníficas vistas sobre el río, se nos ofreció otro café, que también tuvimos que tomar por cortesía, aunque yo estaba empezando a preocuparme. Con curiosidad, le pregunté a Camila si era normal tomar tanto café, y ella me dijo que era algo completamente normal. Como buen científico enfocado en la evidencia numérica, le pregunté directamente cuántos cafés se tomaba ella al día, y después de hacer un cálculo mental, me dijo que entre seis y ocho, sonrojada, aunque también me confesó que su familia venía de la industria cafetera. Mientras me reía por la ingente cantidad de café que se consume en Brasil, entró Souza con el presidente del Parlamento de Río Grande, y nos ofrecieron otro *cafezinho* que no tuve el valor de declinar. Se interesaron mucho por todo lo que contábamos, hablando buen español como mucha gente en ese estado fronterizo. Durante esta reunión tan cafeinada, el vicegobernador Souza se puso de acuerdo con el presidente de la asamblea para realizar una enmienda a la constitución del Estado, a la chilena. Después de otro apretón de manos, nos marchamos felices Camila y yo por haber logrado tanto apoyo en tan poco tiempo. No volví a saber nada más de Río Grande hasta varios meses después, cuando me llamó Camila alborozada: el Parlamento de Río Grande había aprobado la enmienda constitucional por unanimidad. Junto con Chile, Río Grande del Sur se convirtió en el segundo territorio del mundo en proteger la actividad cerebral de sus ciudadanos.

Pero, para afianzar la agenda de neuroderechos en Brasil de una manera sólida, era necesario no solo involucrar a los legisladores, sino también a toda la sociedad. Así pues, realicé varios viajes en los que Camila y yo dimos varias conferencias y nos reunimos con científicos, juristas y empresarios, para explicarles las repercusiones de la neurotecnología y el abordaje de los neuroderechos. En el mismo viaje, de vuelta al aeropuerto, paramos en Río para comer con uno de los empresarios más importantes de Brasil, Sergio Lins Andrade, y un par de asociados suyos. Ávido amante de la naturaleza y los deportes al aire libre, Sergio sufrió de joven un accidente de buceo que le dejó hemipléjico y tiene un interés personal en desarrollar la neurotecnología. Sigue de cerca todos los avances médicos y ya me había visitado en Nueva York para conocerme. Además, Sergio es un empresario con mucha conciencia social, pues es amigo personal de toda la vida del presidente Lula, a quien, según nos contó, rescató de la cárcel más de una vez al principio de su vida política, pagando su fianza con dinero de su bolsillo. En esta comida, cerca de su apartamento en el barrio de Ipanema, Sergio nos prestó todo su apoyo y nos dio recomendaciones y contactos para hacer que el tema de los neuroderechos llegase a la población a través de los grandes medios del país.

Camila y yo también contactamos con un nutrido grupo de académicos y juristas que ya estaban trabajando en cuestiones de la intersección de la neurociencia y el derecho, tanto desde el punto de vista de derecho criminal como de derechos humanos y derecho civil. Como una consecuencia inesperada de este trabajo de zapa hecho por Camila y yo, un grupo de juristas involucrado en revisar el Código Civil de Brasil contactó con nosotros para pedirnos nuestra opinión sobre una propuesta para la introducción de la protección de neurodatos en el nuevo Código. Mi impresión es que el proceso está en marcha y que los neurodatos serán definidos jurídicamente en el próximo Código Civil, y protegidos adecuadamente.

TRES INICIATIVAS A LA VEZ EN MÉXICO

A esta auténtica carrera por los neuroderechos en Latinoamérica también se incorporó México. La primera iniciativa partió de la Cámara, con un proyecto de ley de enmienda constitucional introducido por la diputada federal María Eugenia Hernández, que extendía la enmienda chilena de una manera más ambiciosa. Casi al mismo tiempo, Arístides Guerrero, del comisionado Ciudadano del Instituto de Transparencia, Acceso a la Información Pública, Protección de Datos Personales y Rendición de Cuentas de la Ciudad de México (INFOCDMX), introdujo una moción para regular la protección de datos neuronales. A todo esto se añadieron varias reuniones académicas en la UNAM, el comité mexicano de la UNESCO y otros foros, con representación de autoridades administrativas y políticas y en las que participé por videoconferencia. Por último, la senadora federal Alejandra Lagunes presentó en el Senado un proyecto de ley para regular las neurotecnologías y los neuroderechos. Esta ambiciosa ley, escrita con la aportación de muchos colegas mexicanos y a la que también contribuimos con nuestro granito de arena, remoza el articulado de varias leyes ya existentes, además de añadir muchos artículos nuevos, reflejando posiblemente mejor que nunca toda la problemática de los cinco neuroderechos y la plataforma del grupo de Morningside. Esta ebullición de actividades ocurrió casi de golpe, en el período final de la legislatura de López-Obrador y antes de las elecciones presidenciales de 2025, cuando todos los actores que impulsaban estas iniciativas dejaron forzosamente sus cargos, como manda la ley en México, y esta falta de continuidad personal, más que política, ha impedido por ahora que se establezca un marco legal de neuroprotección en México.

MUCHO INTERÉS TAMBIÉN EN CUBA

Un país que no esperábamos que se involucrase en el tema de los neuroderechos fue Cuba. A través de una científica cubana, Beatriz Marcheco Teruel, genetista clínica del Centro Nacional de Genética Médica de La Habana, me llegó la invitación de visitar el país para hablar de neurotecnología y neuroderechos. A pesar del gran problema económico que sufría Cuba, Beatriz encontró los fondos necesarios para pagarme el viaje y la estancia, con gran cariño personal, incluso vino a recogerme en su coche particular al aeropuerto de La Habana. La reunión, con un nutrido grupo de científicos y médicos, fue inolvidable por el calor de la gente, su recibimiento con los brazos abiertos y también porque tuvo lugar en un hotel en mitad de La Habana Vieja, en medio de una de las peores etapas de racionamiento y crisis social que ha vivido el país. Hambriento de noticias internacionales y con muy buena voluntad de contribuir al debate global de los neuroderechos, este grupo se comprometió a incluir los neuroderechos y la protección de la actividad cerebral en un paquete de leyes en curso sobre inteligencia artificial. Me pareció admirable que los científicos y los médicos cubanos iniciaran esta tarea en mitad de una crisis tan grande y que, mientras confesaban que no tenían medicamentos de primera necesidad en sus hospitales, mantuvieran la perspectiva profesional y ética para pensar sobre el futuro y ayudar a proteger la actividad neuronal de su población.

EN ECUADOR Y COLOMBIA POR VIDEOLLAMADA

Otro país inesperado fue Ecuador. Quizá por el efecto dominó del ejemplo chileno o por la declaración de la OEA, el caso es que una diputada de la Asamblea Nacional, Johanna Ortiz de Villavicencio, presentó a trámite un proyecto de ley de protección de los neuroderechos que fue discutido en una comparecencia por videollamada en la Comisión de Salud a la que fui invitado a participar. El proyecto, basado en la ley chilena, pero sin entrar en mucho detalle jurídico, cubría aspectos externos de la neurotecnología y los neurodatos. El voto de aprobación en la comisión fue unánime y nos pidieron que les hiciéramos llegar los cambios que sugeríamos para que la versión final del proyecto fuera votada en el pleno de la Asamblea, algo de lo que todavía no tenemos noticias.

Algo parecido ocurrió en Colombia, en una serie de actividades coordinadas por nuestro colaborador Nelson Remolina, profesor de la Facultad de Derecho de la Universidad de Los Andes, que ha seguido muy de cerca todas nuestras actividades en Latinoamérica. El senador Carlos González Villa presentó recientemente un proyecto de ley sobre neurotecnología en el Senado de la República. Este borrador de ley, basado en los principios de la OEA, y a la que tuvimos también la oportunidad de mandar comentarios, es amplio y detallado, y cubre en diez artículos todos los aspectos de la problemática de neuroderechos. Por las noticias que nos llegan, cuenta con apoyo transversal y se espera que el Senado lo apruebe sin problema. Sin duda, esta ley colombiana destaca por ser la más completa en regulación de la neurotecnología.

EN EL PARLAMENTO DE URUGUAY

Nuestras últimas actividades en Latinoamérica han sido en Uruguay. En 2024, había coincidido con el diputado uruguayo Rodrigo Goñi, representante de Montevideo en el Congreso Futuro de

Santiago, que me manifestó su interés en incorporar Uruguay a este tema. El diputado Goñi presentó un proyecto de ley que modifica la ley de protección de datos para incluir los datos relacionados con la actividad cerebral y neuronal de las personas como datos personales. Este proyecto fue debatido por la Comisión de Futuro del Parlamento Nacional, que me invitó a discutirlo en persona en una visita relámpago que hice a Montevideo. Conseguimos un consenso unánime de los cinco partidos políticos representados en el Parlamento, y se espera también que este proyecto de ley, jurídicamente impecable y sin ningún problema político, sea aprobado pronto. Para complementar esta iniciativa parlamentaria, José Iglesias, un abogado y profesor uruguayo que asesoró el caso judicial chileno Girardi vs. Emotiv, ayudó a organizar un panel académico durante el Congreso de la Sociedad de Neurociencias de Uruguay, realizado en el marco del Congreso Nacional de Biociencias. En este panel, que incluía al diputado Goñi, explicamos y debatimos la problemática asociada a la neurotecnología y las distintas soluciones jurídicas, con el objetivo de recabar el apoyo en circuitos científicos para la ley de neurodatos. Al final del panel, Marita Castello, una neurobióloga uruguaya que trabaja con peces eléctricos, me invitó a participar al día siguiente en una expedición al Río Negro, para recoger especímenes para estudiarlos en el laboratorio. Me apunté de inmediato y, en un viaje inolvidable con Marita y sus colaboradores al centro del país, encontramos varias especies de estos peces, que son fascinantes porque, de una manera muy sofisticada, utilizan descargas eléctricas para reconstruir y explorar su entorno y comunicarse. Acabé mi viaje a Uruguay metido en el río, completamente mojado, pero también absolutamente feliz.

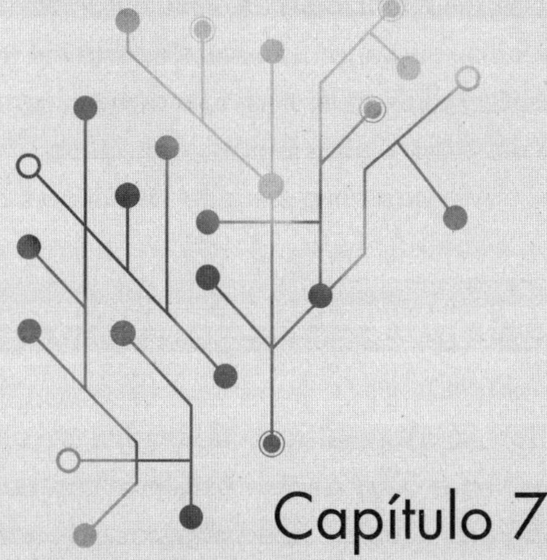

Capítulo 7

De Ciudad de México a Hollywood

Estudiando Medicina. Foto de la orla de la Facultad de Medicina de la Universidad Autónoma de Madrid, en junio del 1987. Estudié Medicina para poder entender cómo funciona el cerebro y su patología.

Admirando a Cajal. En el Aula Ramón y Cajal del Ilustre Colegio Oficial de Médicos de Madrid, antigua Facultad de Medicina, donde impartía clases, sosteniendo la última carta de Cajal, escrita a su discípulo Lorente de Nó. La autobiografía de Cajal me inspiró a dedicar mi vida a estudiar el cerebro con microscopios.

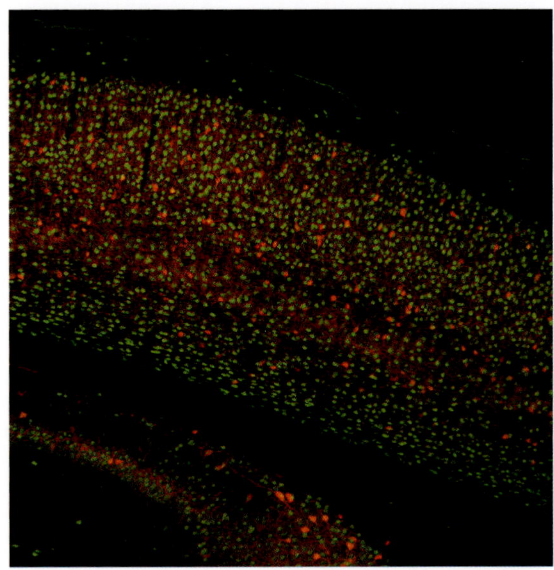

La corteza cerebral. Imagen microscópica de un corte histológico del área visual primaria de la corteza cerebral de un ratón. Las neuronas piramidales (células excitatorias) están teñidas de verde y las interneuronas (células inhibitorias), de rojo. La corteza, en la parte superior de la imagen, está situada debajo del cráneo, tiene unos 1,5 mm de grosor y está organizada en capas de neuronas. La actividad de estas neuronas genera todas las funciones superiores y cognitivas de los mamíferos y seres humanos.

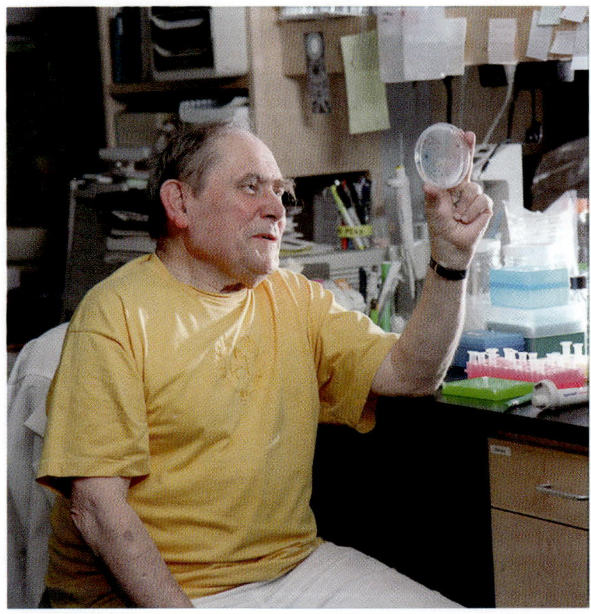

Sydney Brenner. Foto de Brenner trabajando en el banco de su laboratorio. Vistiendo una de sus típicas camisetas chillonas y con su característico humor, Brenner está comprobando el resultado de un experimento con una placa de Petri y un cultivo bacteriano. Exmédico, Brenner me contagió de su espíritu curioso y decidí dejar la medicina y dedicarme a la investigación científica. Foto cortesía de *The New York Times*.

Torsten Wiesel. Foto de Torsten, con su particular espíritu travieso, bajando por un tobogán de niños en la época en la que ganó el premio Nobel. Wiesel, también exmédico, siempre me animó a explorar el cerebro con espíritu aventurero y humor. Foto cortesía de la Universidad Rockefeller.

Con Larry Katz. Foto del pequeño grupo dirigido por Larry Katz (centro), dentro del laboratorio de Wiesel en la Universidad Rockefeller, con el posdoc Alejando Peinado (izquierda) y conmigo de estudiante de doctorado (derecha), durante la serie de experimentos con el equipo que se ve encima de la mesa y que culminó en el desarrollo de la microscopía de imagen de calcio en 1988. Foto cortesía de Peter Pierce.

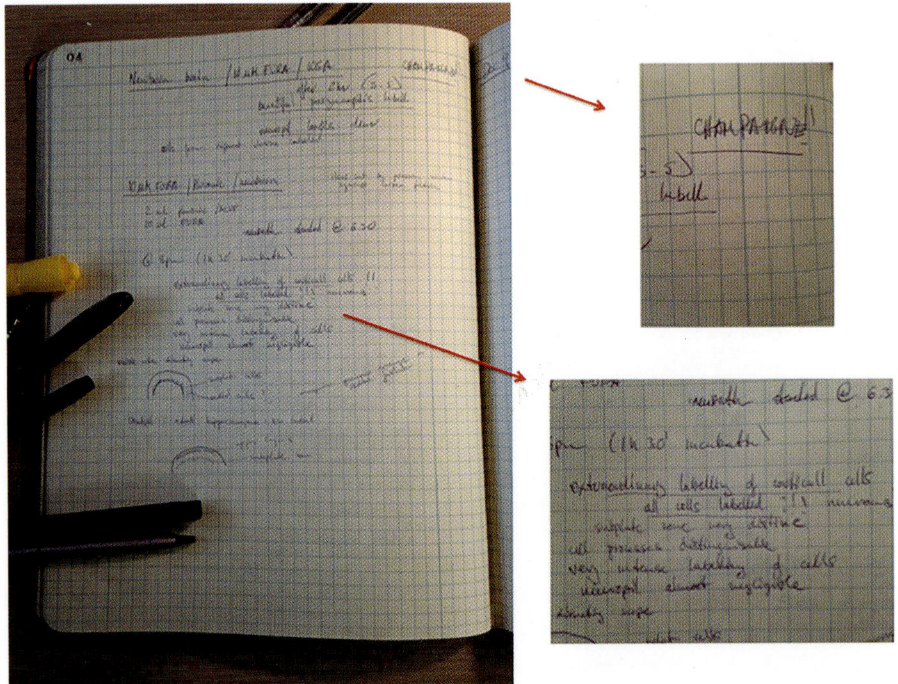

Descubrimiento de la imagen de calcio. Cuaderno de los experimentos del 8 de diciembre de 1988, en el que registro mi éxito al teñir las neuronas vivas de rodajas de cerebro de rata con el colorante de calcio fura-2. Comentarios en inglés concluyen: «tinción extraordinaria de todas las neuronas corticales» y «¡champaña!».

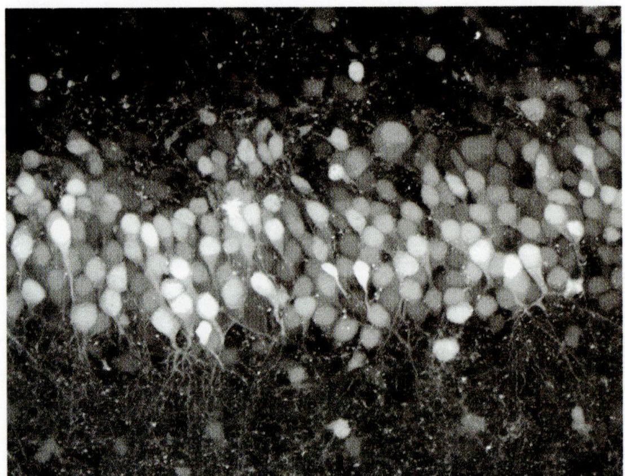

Microscopía de calcio. Ejemplo de tinción de neuronas en el hipocampo del cerebro de un ratón con colorantes sensibles al calcio. A diferencia de las tinciones histológicas de Cajal, en este experimento las neuronas están vivas y, cuando se activan, la señal del colorante sensible al calcio aumenta de intensidad. De esta manera se puede medir con un microscopio la actividad de los circuitos neuronales.

Reunión de Chicheley. Foto de familia de los participantes en la reunión en la mansión de Chicheley, en el Reino Unido, en septiembre del 2011, con parte de la plana mayor de la neurociencia. Allí propuse la idea de desarrollar neurotecnología a gran escala para mapear la actividad de los circuitos del cerebro. De esta idea germinó la iniciativa BRAIN de Estados Unidos.

Con John Hopfield. Foto realizada durante una fiesta en la Universidad de Princeton, donde trabaja. Las teorías matemáticas de Hopfield sobre el papel de las redes neuronales en el funcionamiento de la corteza (generando estados endógenos de actividad) han marcado el rumbo de mis investigaciones.

Primera visita a la Casa Blanca. Foto en un pasillo de la Casa Blanca en otoño del 2011, con George Church, de la Universidad de Harvard (derecha), Tom Kalil, del equipo del presidente Obama (centro); y Miyoung Chun de la fundación Kavli (izquierda) en nuestra primera visita a la Casa Blanca para presentar nuestra propuesta: lanzar una iniciativa de neurotecnología para Estados Unidos. El proyecto fue anunciado por el Presidente Obama en su discurso del estado de la nación en febrero del 2013.

Proponiendo una Iniciativa BRAIN Internacional. Foto con Cori Bargmann, de la Universidad Rockefeller, durante la reunión auspiciada por la Asamblea General de las Naciones Unidas en Nueva York en septiembre del 2016. Nuestra propuesta culminó en el lanzamiento de la Iniciativa BRAIN Internacional, que engloba los proyectos de cerebro de muchos países.

El grupo de Morningside. Foto de familia de los participantes en la reunión en el campus de Morningside en la Universidad de Columbia de Nueva York, en mayo del 2017. Allí, junto con representantes de los proyectos del cerebro de Estados Unidos, Europa, China, Japón, Corea del Sur, Australia, Canadá e Israel, surgió la propuesta de los neuroderechos para dar protección a nivel de derechos humanos a la actividad cerebral y los datos neuronales.

Con el presidente Piñera. Reunión en la sala principal del palacio presidencial de La Moneda en Santiago de Chile en el 2020 con el presidente Sebastián Piñera, en la que le expongo las razones para que apoye el proyecto de enmienda al artículo 19 de la Constitución chilena para proteger la actividad cerebral y los datos neuronales. Foto cortesía del Palacio de la Moneda.

Enmienda constitucional en Chile. Foto en La Moneda en el 2020 con el ministro de Ciencia Andrés Couve (izquierda), el presidente Piñera (centro), y el senador Guido Girardi (derecha), después de llegar al acuerdo para apoyar desde la Presidencia del país el acuerdo transversal de enmienda constitucional. Después de sendas votaciones unánimes en el Senado y la Cámara, el presidente Piñera ratificó la enmienda, y Chile se convirtió en el pionero mundial en la protección de los derechos cerebrales de sus ciudadanos. Foto cortesía del Palacio de la Moneda.

Con el vicegobernador Gabriel Souza en Brasil. Foto tomada en Porto Alegre, en el edificio del Gobierno del estado de Río Grande del Sur en julio del 2023, después de la reunión en la que conseguimos su apoyo para promover una enmienda a la constitución del estado para proteger la actividad cerebral y los datos neuronales. La enmienda fue aprobada por unanimidad en el Parlamento estatal y Río Grande del Sur se convirtió en el segundo lugar del mundo en asumir los neuroderechos.

Dando testimonio en el Parlamento de Uruguay. Foto tomada en noviembre del 2024 en el Parlamento nacional de Montevideo, durante la sesión informativa sobre el anteproyecto de ley de neurodatos, presentado por el diputado Rodrigo Goñi. Foto cortesía del Parlamento de Uruguay.

Buscando peces eléctricos en Uruguay. Expedición en noviembre del 2024 dirigida por la científica Marita Castello al Río Negro de Uruguay para buscar peces eléctricos, que tienen un sentido de electrorrecepción extraordinario que les permite detectar su entorno en aguas turbias.

Con Herzog. Fotograma inicial de la película *Theater of Thought*, estrenada en el 2021, en la que el director alemán Werner Herzog y yo emprendemos un viaje en carretera entrevistando a personas relacionadas con la neurotecnología y los neuroderechos.

Con el equipo de rodaje de Herzog. Foto tomada en mayo del 2021 durante el rodaje de la película con Herzog, Gus (cámara) y Luke Holwerda (cámara y sonido) y Lena Herzog (fotografía). Junto con el productor Ariel Leon, este pequeño equipo rodó y se encargó de toda la logística de la película. Foto cortesía de Ariel Leon.

Aprobación inicial en el Parlamento de Colorado de la ley de neurodatos. Foto de la votación en la Cámara de Representantes de Colorado en febrero del 2024 del anteproyecto de ley de neurodatos, presentado por los diputados Kipp y Soper (en la foto) y patrocinado por la Neurorights Foundation. Todos los diputados, menos uno, votaron a favor.

Con el gobernador de Colorado. Foto en el Capitolio de Denver en mayo del 2024 durante mi agradecimiento al gobernador de Colorado, Jared Pollis, por su firma de la ley de neurodatos. Esta ley se convirtió en la primera en el mundo en proteger tanto los datos neuronales así como los datos personales sensibles, y ha servido de modelo a muchas otras. Foto cortesía del gobierno de Colorado.

Aprobación inicial de la ley de neuroderechos en California. Foto en el Capitolio de California en Sacramento en mayo del 2024, después de conocer la votación unánime del Senado de California a la ley de neuroderechos, con Jared Genser (izquierda), cofundador de la Neurorights Foundation y patrocinador externo de la ley; el senador estatal Josh Becker (segundo por la izquierda), impulsor interno de la ley, y su ayudante Zoe Richardson (derecha).

Con la presidenta Bachelet. Foto tomada en el Palacio de la Moneda durante la cena oficial de los conferencistas invitados al Congreso Futuro en enero del 2016 que oficializó la presidenta Michelle Bachelet (en el centro), a la que asistí con mi mujer, la profesora Stephanie Golob (a la derecha). Foto cortesía del Palacio de la Moneda.

Sala Barceló de la ONU. Foto de la sala XX del Palacio de las Naciones Unidas en Ginebra, en la que se aprecia el techo pintado por el artista mallorquín Miquel Barceló. Esta sala, la principal del edifico, fue financiada gracias a un aporte público-privado de España e inaugurada en el 2008 por los reyes y el presidente del Gobierno españoles, y por el secretario general de la ONU. En ella se reúne el Consejo de Derechos Humanos de la ONU y han tenido lugar varias discusiones importantes de neuroderechos.

Firma de la Declaración de León. Foto de los ministros de Tecnología o Digitalización de la Comunidad Europea después de la firma en la ciudad de León en el 2023 de la Declaración sobre Neurotecnología, sostenida por la vicepresidenta Nadia Calviño (izquierda) y la secretaria de Estado de Inteligencia Artificial Carme Artigas (derecha). Esta declaración compromete a todos los países de Europa en la protección de los neuroderechos ante el uso indebido de la neurotecnología y la IA. Foto cortesía de la Secretaría de Estado de IA.

Auditoría Europea del Spain Neurotech. Foto de febrero del 2023 durante la presentación a un comité de parlamentarios y auditores europeos un ejemplo de utilización de los fondos de reconstrucción europeos para la creación de una iniciativa de neurotecnología en España (Spain Neurotech). Además de mí, presentaron el proyecto la rectora Mendikoetxea de la Universidad Autónoma de Madrid (segunda por la derecha); el viceconsejero de Educación y Ciencia de la Comunidad de Madrid, Fidel Batalla (tercero por la derecha), y la secretaria de Estado de IA, Carme Artigas (cuarta por la derecha).

Firma del consorcio Spain Neurotech. Foto de los representantes oficiales de la firma del consorcio Spain Neurotech de diciembre del 2024: la ministra de Ciencia, Diana Morant (a mi izquierda); el consejero de Educación y Ciencia de la Comunidad de Madrid, Emilio Viciana (a su izquierda); y la rectora Mendikoetxea de la Universidad Autónoma de Madrid (a mi derecha). Foto cortesía del Ministerio de Ciencia.

Edificio trimodular de la Universidad Autónoma. Este edificio del campus de Cantoblanco será la futura sede del Centro Nacional de Neurotecnología Spain Neurotech.

De vuelta a casa. Foto reciente durante uno de mis viajes promoviendo la neurotecnología y los neuroderechos en España.

ME LLAMAN DE ESTOCOLMO

La implantación de los neuroderechos en Chile había sido una carambola, determinada por una conferencia que di y que caló hondo en una persona clave en el Senado del país. Yo ni tenía formación jurídica o en derechos humanos, ni tenía la intención de intentar repetir una jugada tan maravillosa como improbable. Con el proceso de neuroderechos en marcha en Chile, después de tanto trabajo y viajes, sentí que debía dejar el tema en manos de juristas, abogados y representantes políticos. Pero me llegó un *email* de la Fundación Tällberg de Suecia, en el que me anunciaban que había sido escogido entre muchos candidatos para recibir el premio Eliasson de Liderazgo Global. Esta fundación, creada en 1981, se involucra en desarrollar el talento de jóvenes promesas y personas que demuestran un liderazgo en temas de importancia global. Mi rol en el desarrollo de la neurotecnología en Estados Unidos y en el mundo, así como la implantación de los neuroderechos, no pasó desapercibido y, de hecho, el premio honra a Jan Eliasson, diplomático sueco muy involucrado en los derechos humanos, que fue ministro de Asuntos Exteriores en Suecia y tuvo muchas posiciones de liderazgo internacional, incluida la ONU. Tuve la oportunidad de conocerle personalmente en la ceremonia de entrega, que ese año se concedía en Ciudad de México. Allí, Jan Eliasson me dijo que tenía que continuar con el tema de los neuroderechos. Regresé a Nueva York pensando que tendría que hacer algo más profesional, por lo que decidí formar un pequeño grupo para trabajar de una manera coordinada y crear una iniciativa en mi laboratorio, la Iniciativa de Neuroderechos.

CON TRES ESTUDIANTES

Así echamos a andar, con tres estudiantes que, recién acabada la carrera, buscaban una posición de becario e incluso de voluntario. La Iniciativa de Neuroderechos formaba parte de nuestro Centro de Neurotecnología en la Universidad de Columbia, y los cuatro empezamos a reunirnos con una pizarra en blanco, con la intención de planear entre todos una estrategia para lograr la implantación de los neuroderechos en el mundo. Decidimos perseguir tres objetivos: investigar sobre los neuroderechos tanto científica como legalmente; concienciar a las organizaciones y estamentos que pudieran involucrarse en su promoción, y divulgar a la población información sobre el tema. Aunque no teníamos sede física, ya que utilizábamos la sala de reuniones y de tomar café del laboratorio, empezamos a existir en el mundo digital. Creamos una flamante página web con un logo atractivo: un cerebro entre dos manos, emulando el logo utilizado para representar los derechos humanos, que es la bola del mundo entre dos manos. También abrimos páginas en todas las plataformas de redes sociales y empezamos a mandar un boletín mensual a una creciente lista de suscriptores, organizamos simposios *on-*

line sobre el tema, escribimos artículos en revistas científicas, buscamos entrevistas con políticos y líderes de las organizaciones internacionales, y organizamos una campaña pública de entrevistas en periódicos, radios, televisión, pódcast y blogs. Poco a poco, nos íbamos abriendo camino. Fueron unos meses mágicos, en los que trabajamos en grupo, sin dinero pero con ilusión, con muchos pasos en falso y encontrando muchas puertas cerradas, pero con algún avance puntual que mantenía encendida nuestra llama.

OTRO GUIÑO DEL DESTINO

En una de las reuniones informales de la Iniciativa de Neuroderechos tomando café, llegamos a la conclusión de que nuestros esfuerzos de divulgación al público eran como una gota en el mar. Ninguno de nosotros sabía nada de divulgación, así que concluimos que había que hacer un documental explicando el problema para que calase en la población, y para ello había que contratar a alguien que lo realizase sin cobrar, ya que no teníamos financiación. Por una extraña coincidencia, en el viaje al Congreso Futuro de Chile, en mitad del desierto de Atacama, apareció un vulcanólogo de Cambridge, Clive Oppenheimer, que llevaba exactamente la misma bolsa de bandolera naranja chillón que yo. Es una bolsa muy rara para llevar el ordenador; de hecho, no he visto ninguna otra en mi vida, y ambos nos reímos bastante. A raíz de esta casualidad, hicimos buenas migas, no solo porque venía de mi viejo Cambridge, sino porque, además, le encantaba subir montañas. Que se llamase Oppenheimer también fue otro guiño del destino. Hablando con Clive, me contó que iba a estrenar en Nueva York un documental que había hecho sobre meteoritos con el cineasta alemán Werner Herzog. Resulta que Herzog es uno de mis directores favoritos, porque yo tenía una historia personal con una de sus películas, *Stroszek*, ya que el primer dinero que gané en mi vida, durante la carrera de Medicina, fue por traducir los subtítulos al castellano de esa película. Me intrigó que Herzog se dedicara en esta etapa de su carrera a hacer documentales, y Clive me confirmó que, además de meteoritos que crean extinciones masivas, Werner estaba interesado en todo tipo de posibles catástrofes existenciales, y había hecho dos documentales recientes sobre inteligencia artificial y volcanes. Clive me mandó una invitación para el estreno, que me encantó, y se ofreció a ponerme en contacto con él.

HERZOG RESPONDE AL *EMAIL*

Clive tenía razón: Herzog estaba implicado en todo tipo de causas existenciales y decidimos escribirle. Supusimos que Herzog es una persona tan famosa que debía de estar inundado de *emails*, pero no teníamos nada que perder, así que le escribí diciendo que la neurociencia estaba avanzando muy rápidamente y que la neurotecnología podía tener consecuencias existenciales para la humanidad, cambiando el concepto del ser humano. Le proponía hacer un documental sobre el tema, que explicase al público el pasado, el presente y el futuro de la neurotecnología, y ahondara en cuestiones de derechos humanos, en la misma línea de los otros documentales que había hecho. Fue al comienzo del confinamiento del COVID y, ante mi sorpresa, Herzog respondió a mi *email*. Me dijo que siempre había querido hacer una película sobre el misterio del cerebro y nunca había tenido la oportunidad. ¡Fue una jugada maestra! El encuentro con el vulcanólogo Oppenheimer nos abrió la puerta para hacer una película sobre un nuevo desafío de la humanidad, en plan energía nuclear. Le propuse a Werner tener una reunión por Zoom, la primera de muchas, en las que hicimos muy buenas migas por afinidades intelectuales y culturales de la cultura europea, alemana y española, con una diferencia de edad que dio lugar a una relación cuasi paternofilial, como si él se hubiese convertido en mi padre adoptivo y yo en su hijo adoptado. También fue importante que desde el comienzo le dijese a Herzog que yo no cobraría nada por trabajar en la película. Estas reuniones por Zoom se alargaron y pude poner a Herzog al día en neurociencia moderna, neurotecnología y neuroderechos. Me pidió que preparase un PowerPoint con un esquema del rodaje de posibles entrevistas, como un borrador de la película. Lo titulé *BRAIN Initiative* [*La Iniciativa Brain*]. Con un mapa de Estados Unidos le propuse una lista de treinta entrevistas con las personas claves en neurotecnología en el país, que conocía personalmente e incluso tenía amistad. Werner retocó el PowerPoint, dejó caer algunas entrevistas y me dijo: reserva las dos primeras semanas de mayo, que nos vamos de rodaje, una semana en la costa oeste y otra en la costa este. Werner me dio una dirección en Los Ángeles y me citó una mañana de mayo de 2021, en mitad de la pandemia mundial.

EN UN CAÑÓN DE HOLLYWOOD

Al llegar a Los Ángeles, un Uber me llevó a un cañón precioso en las colinas de Hollywood, y me dejó frente a una casa pequeña, entre árboles, preciosa y de estilo español. Llamé a la puerta y apareció Lena Herzog, su mujer, que me presentó a Werner, con quien tantas veces había hablado por videoconferencia, en una habitación llena de libros, arte y recuerdos personales de viajes por todo el mundo. Allí estaba también el resto del equipo: los hermanos Gus y Luke Holwerda, procedentes de Arizona y con sus sempiternos sombreros, se encargarían de la cámara y el sonido; y Ariel Leon Isacovitch, un israelí-chileno que venía de Santiago, era nuestro productor. Los cinco, más Lena, una artista gráfica que serviría de fotógrafa, componíamos lo que llaman el *film crew* (el equipo técnico de la película). La palabra *crew* en inglés se utiliza también para describir a la tripulación de un barco o al grupo que trabaja arreglando carreteras, y la verdad es que tiene mucho que ver con hacer una película. De hecho, el grupo se convirtió pronto en algo bastante parecido a un equipo de obreros, con una mentalidad de clase trabajadora, sin apenas presupuesto, que trabajaba a destajo y en el que todos hacíamos de todo. Ingenuamente, pensaba que iba a unirme a una gran producción cinematográfica con montones de empleados, dinero y glamur por todas partes, pero es evidente que no sabía dónde me había metido. Además de llevar la parte científica, asesorando a Werner y presentándole a todos los entrevistados, me tocó también hacer entrevistas, conducir uno de los dos coches, pelearme con recepcionistas de hoteles de mala muerte, comprar comida en el supermercado para el grupo e involucrarme en todo tipo de cuestiones logísticas, incluido trasladar las pesadas cajas de material. Werner nos dio a cada uno quinientos dólares al contado para que los gastásemos en comida y bebida, pero por las noches acabábamos fundiéndonos el dinero en whisky como parece que es tradición en los *film crews*. Ariel, nuestro productor, es un genio de la logística y transformó mi PowerPoint en un maratón de dos a tres entrevistas por día, cogiendo aviones y viajando en coche de entrevista a entrevista, todo en mitad del COVID. Comimos juntos en una comida de fraternización y con humor y entusiasmo empezamos el rodaje.

RODANDO UNA PELÍCULA DE CARRETERA

Siguiendo una tradición del cine, íbamos a hacer una película de carretera o *road movie*, que sigue a dos protagonistas, Werner y yo, en un viaje en coche por Estados Unidos. A Werner le encantaban las películas de carretera, y como otro guiño del destino, la película que había traducido al español, *Stroszek*, era precisamente una *road movie*. ¡Quién le iba a decir a un estudiante de Medicina de diecinueve años en Madrid que terminaría haciendo una película parecida con el director!

Las entrevistas empezaron esa misma tarde, en el barrio de Santa Mónica de Los Ángeles, y después fuimos a San Francisco, Seattle, Nueva York y Boston, con un final en Chile, que filmó solo Ariel, ya que vivía allí. Entrevistamos a todo tipo de gente con la que había trabajado durante los años de la Iniciativa BRAIN: científicos —incluido un premio nobel y varios más futuribles—, médicos, ingenieros, informáticos, filósofos, abogados, expertos en derechos humanos, billonarios emprendedores e incluso un monje budista a quien había conocido y que tenía un punto de vista que me parecía importante resaltar. El trabajo era duro, el *film crew* se reunía a las siete de la mañana para empezar y acabábamos a eso de las once de la noche en el bar. Werner es bávaro, del sur de Alemania, pero su estilo de trabajo era bastante prusiano, disciplinado, riguroso y exacto. Solo así pudimos lograr el desafío de acabar haciendo treinta largas entrevistas, de más de una hora cada una, en apenas dos semanas, con viajes entre ciudades de por medio. Otra característica de Herzog es que sus entrevistas son siempre en los sitios de trabajo o en los domicilios de los entrevistados, para que estén relajados, y cuando se sienta a hablar con el entrevistado es la primera vez que lo ve, pues prefiere no saber nada sobre la persona. Esta manera de entrevistar a la gente, sin ninguna preparación o contacto previo, parece de locos para un cineasta, ya que deja al azar y a las vicisitudes de la conversación el desarrollo de la entrevista. Pero, gracias a ello, las entrevistas tienen una espontaneidad y una frescura que te atrapa, y cuando la conversación se lleva con la gran inteligencia, cultura y humor de Werner, siempre da resultados interesantes, aunque se acabe hablando de otras cosas. Por ejemplo, al entrevistar en el salón de su casa al creador de Siri, el primer asistente personal, Werner se dio cuenta de que en la pared había una pantalla que proyectaba películas increíbles de peces de colores en un arrecife. Resulta que el creador de Siri es también submarinista y la conversación derivó hacia ese tema, y Werner incorporó parte de estos segmentos de películas de peces en el documental.

WERNER ME CAMBIA EL GUION

Mi propuesta inicial era un documental sobre neurotecnología, titulado *Brain Initiative*. Pero durante el rodaje, me di cuenta de que, más que un cineasta, Werner es un artista, cuyo objetivo principal en la vida es crear belleza. Lo hace constantemente: con la cámara de cine y con la pluma, hasta el punto de que él mismo se considera poeta antes que cineasta. Pero también crea belleza en las cosas que hace y en cómo las hace; por ejemplo, se fue andando desde Múnich a París para despedirse de su mentora en su lecho de muerte. Su mente está profundamente anclada en grandes obras de la cultura clásica, tanto literatura, como música, arte y, por supuesto, cine. Conoce a fondo el mundo entero e incorpora vivencias, cultura, lenguas e historias y tradiciones de muchos países. El denominador común de su obra es la belleza, y la idea de documental que yo le había propuesto se le quedó pequeña. Pronto el documental se transformó en película, incluso en algo más que una película: acabó siendo una obra de arte, con música, poesía, literatura, cinematografía de paisajes, edificios, objetos, etc. Por si fuera poco, la película se transformó también en un ensayo sobre el cerebro, en otro giro del guion inicial. Durante las entrevistas, además de hablar de neurotecnología y de muchos otros temas como la ópera, la pesca o las corridas de toros, de deformaciones digitales congénitas o de delicias culinarias, Werner, que tiene una gran inteligencia, se dio cuenta de que el tema fundamental de la neurobiología actual reside en la idea de que el cerebro es una máquina para predecir el futuro. Es una teoría que viene de antiguo, conectada con la filosofía de Platón y Kant, y que argumenta que el objetivo fundamental del cerebro es crear un modelo mental del mundo, como un modelo de realidad virtual, y utilizarlo para predecir el futuro, averiguando lo que va a ocurrir para poder ajustar nuestro comportamiento de una manera inteligente que nos haga prosperar, sobrevivir y reproducirnos, que son los objetivos finales de la evolución biológica. Esta teoría general de cómo funciona el cerebro está estrechamente relacionada con la obra de autores españoles como Calderón de la Barca, que en su obra *La vida es sueño* argumenta que la realidad en la que vivimos es inventada; también aparece reflejada en los ensayos sobre el concepto de realidad de Miguel de Unamuno. Muchos neurobiólogos, incluido yo mismo, estamos entusiasmados con esta teoría y diseñamos experimentos para comprobar si es cierta o no.

Entrevista tras entrevista, Werner se dio cuenta de que lo que mueve a muchos de los neurobiólogos es explorar esta hipótesis como una teoría general del funcionamiento del cerebro. Así que encauzó poco a poco el documental en esta nueva dirección. La neurotecnología es importante, pero el cerebro lo es más todavía, y abordar la problemática de cómo funciona, analizando la posibilidad de que la realidad en la que creemos que vivimos esté construida internamente en nuestra mente, es algo que cautivó a Werner.

NACE *EL TEATRO DEL PENSAMIENTO*

Un día que rodábamos en Boston y tenía que recogerlo en mi coche, llegué treinta minutos tarde por culpa del famoso tráfico de la ciudad. Werner esperaba en la acera con su pequeña mochila, donde llevaba todo lo que necesitaba para el rodaje, ya que es bastante espartano en costumbres. Durante la espera había tenido por fin tiempo de pensar tranquilamente sobre el documental y le había cambiado el título: se llamaría *Theater of Thought* [*El teatro del pensamiento*], un nombre evocador y poético en inglés que captura elegantemente la teoría de que el cerebro es una máquina que genera la realidad, como si fuera un teatro donde nuestros pensamientos son los actores, y que alude a la obra de Calderón, *El teatro del mundo*, que Werner conocía bien. También se había inventado una cita para el comienzo, que iba a atribuir falsamente al roquero Chuck Berry. La cita era: «*In my Theater of Thought I am rocking. / In the Dance of my Mind, I am swinging. / C'mon, babe, roll over to me*», que se puede traducir como «En mi teatro del pensamiento me agito. / En la danza de mi mente, me balanceo. / Vamos, nena, rueda hacia mí». Me pareció absolutamente genial todo, el nuevo título, la cita y, sobre todo, que esta fuese falsa. Werner había transformado la espera de media hora en la acera en un acto de belleza. Esa mañana cambié mi opinión sobre Werner: no era un cineasta, sino un genio.

Acabamos el rodaje y lo celebramos en Nueva York con una cena discreta de despedida del *film crew*, confraternizando con mis nuevos colegas y amigos. Entre bromas, recordamos los momentos más divertidos del rodaje y no paramos de reír, contentos y satisfechos por la cantidad y la calidad del trabajo realizado, que era tan extenso que daba para dos o tres películas. Volví a mi vida normal, agotado por las dos semanas sin parar de viajar y trabajar, casi sin dormir. Me olvidé del tema hasta que tres meses más tarde me escribió Werner para convocarme a la edición de la película. Ingenuamente, creía que con el rodaje ya habíamos terminado, que lo único que faltaba era cortar y pegar las entrevistas una detrás de otra. Pero resulta que editar un filme suele llevar más tiempo y trabajo que rodarlo. Werner había engatusado a Marco Capalbo, su editor favorito, para que nos ayudase; llevaban trabajando varias semanas juntos en la edición, pero me necesitaban. En septiembre de 2021 cogí un avión a Los Ángeles y me planté otra vez en la casa de Werner y Lena, en una cena en su pequeño jardín, bajo un emparrado típicamente español. Allí conocí a Marco, una persona fascinante, cultísima y con un gran sentido estético y conocimiento técnico, que precisamente se había mudado a Hollywood desde el Upper West Side de Manhattan, donde yo resido. Congeniamos muy bien y al día siguiente nos pusimos a trabajar en casa de Marco, situada en otro cañón, bajo el cartel de Hollywood, frente a un castillete de estilo español donde vive Madonna. Marco se había construido un estudio de grabación muy avanzado en su cuarto de estar, con una cámara acústica dentro de un armario que funcionaba a la perfección. Al estilo de Werner, nos encerramos en la casa doce horas seguidas, con una parada para tomar un capuchino y unas alitas de pollo, repasando el corte final de la película, escena por escena. Werner, con la ayuda de Marco, cuyo papel cobró mucha importancia en la película, había hecho de verdad una obra de arte, utilizando mi guion inicial como punto de partida, para después mover las entrevistas como piezas de un lego, añadiendo piezas de rodaje nuevas, que daban forma y coherencia a la historia, igual que un escultor da forma a un bloque de mármol. Me quedé con la boca abierta y, como no tenía ningún interés económico en la película, también hablé con total franqueza de las partes que veía más flojas, tanto por el lado científico como por el lado artístico. Algunos de mis comentarios no le gustaron a Marco, sobre todo con respecto al final de la película, donde la inconfundible voz de Werner, con su acento bávaro, pregunta cómo es posible que se haya creado la maravilla que es el cerebro y quién es el responsable. En mi opinión, ese final tenía una connotación religiosa, algo que Marco reconoció que era su intención, y estaba completamente fuera de lugar en una película basada en la ciencia. Le pedí a Werner que cambiase el final, pero Marco no cedía, y yo tampoco. Finalmente, Werner accedió a cambiarlo. Tuvimos que volver a grabar el final de la película, metiendo al pobre de Werner en el armario acústico, cambiando las palabras de Werner a un texto consensuado en el que en vez de preguntarse «quién» hizo el cerebro, se pregunta «qué» lo hizo, aludiendo a la evolución biológica. Con este último retoque terminamos por fin, agotados. Nos abrazamos, y con hambre atrasada volvimos a casa de Werner a abrir el champán bajo las estrellas.

EN EL FESTIVAL INTERNACIONAL DE CINE DE TORONTO

Antes de volver a Nueva York, tuve una última conversación con Werner sobre los créditos de la película, las imágenes del final donde se especifica quién trabajó en el filme, desde el director, los actores y hasta el último mono. Siguiendo su afán por los guiños de humor en sus obras, incluida la cita inventada que abre la película, le dije que me pusiera como «chófer», ya que había conducido uno de los dos coches, y también como «Virgilio», el poeta romano que lleva de la mano a Dante al infierno en *La divina comedia*, ya que yo había guiado a Werner por todos los laboratorios de la neurociencia moderna. Aunque se lo pensó, al final decidió ponerme el rimbombante título de «Principal asesor científico», como si hubiésemos tenido una miríada de asesores científicos. Era otro guiño de humor, conociendo cómo rodamos la película entre cuatro gatos. Con un apretón de manos nos despedimos, como dos colaboradores que han trabajado juntos por la pura voluntad de hacerlo, limpiamente y sin dinero de por medio, como tiene que ser. Con la película terminada, Werner la mandó a festivales de cine para estrenarla y sacarla al mundo. Pronto fue aceptada en el prestigioso Festival Internacional de Cine de Toronto, que, según dicen, es el más importante del mundo en términos económicos, donde se compra y vende la última remesa de películas cada año, sin demasiado glamur ni alfombra roja. En noviembre de ese año nos fuimos todos a Toronto al estreno, abarrotado de público, de críticos de cine, empresarios de Hollywood y prensa especializada. La película fue muy bien recibida, con un público feliz que se desternillaba con las bromas de Werner en pantalla y que la despidió con una ovación cerrada al final. Mirando atrás, estoy orgulloso de haber contribuido a la creación de la película con ideas, empuje, contactos y trabajo. Pero todo el crédito le pertenece a Werner, que tomó mi idea y la transformó en algo mayor, mejor y más bello. Mi rol fue de facilitador, pero él fue la persona clave, por eso siempre me refiero a la película como suya, más que nuestra. Conocer a Werner y trabajar con él ha sido una de las mejores experiencias de mi vida, y nos ha dejado a ambos una amistad que no tiene precio.

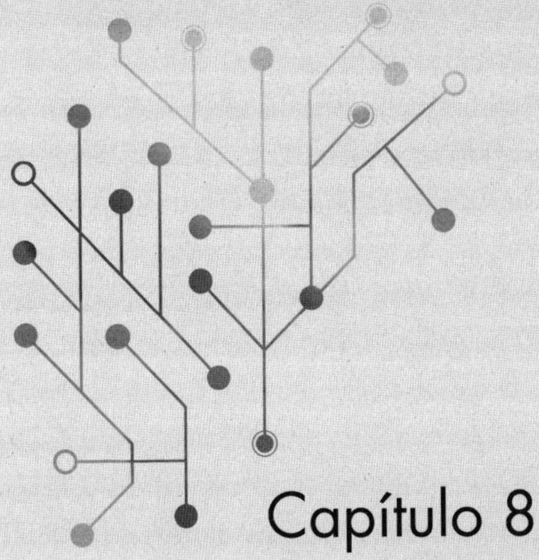

Capítulo 8

La Fundación Neuroderechos

EL EXTRACTOR GENSER

Una de las consecuencias de que me dieran el premio Eliasson de la Fundación Tällberg fue conocer a su jurado, formado por un grupo de personas de distintos países con unas trayectorias profesionales fascinantes y comprometidas desde abordajes muy diversos para hacer el bien en el mundo. Uno de ellos era Tom Cummings, un abogado norteamericano que vive en los Países Bajos. Habló conmigo muchas veces y me recomendó que reforzase la parte de derechos humanos de nuestro trabajo, ya que ni yo ni nadie de mi equipo había trabajado antes en esos temas. Tom me sirvió de celestina con otra persona también premiada por ellos: el abogado norteamericano Jared Genser. De origen judío y profundamente involucrado en la corriente del judaísmo que promueve la liberación de los oprimidos, tal y como se celebra todos los años en las cenas rituales del Seder de la Pascua judía recordando el Éxodo de Egipto. Jared reside en Washington, pero trabaja por todo el mundo en apoyo de los derechos humanos internacionales. Jared se hizo famoso por representar, trabajando sin remuneración, a prisioneros políticos, incluidas cinco personas que ganaron el Premio Nobel de la Paz, como Elie Wiesel. Es inteligente, experto, metódico y, además, no suelta la presa; por eso el periódico *The New York Times* le puso el mote de «El Extractor». Incluso están haciendo una serie de televisión basada en él, con Orlando Bloom como Jared. En los círculos de derechos humanos corre la broma de que, si te toca y te detienen y solo te dejan hacer una llamada, debes llamar a Jared. Además de este trabajo de campo, o más bien de prisiones, del que Jared cuenta detalles espeluznantes que no procede reproducir en este libro, también es un intelectual de los derechos humanos, y autor de varios libros especializados sobre el tema y coeditor de la Enciclopedia de Derechos Humanos, junto a Zeid Ra'ad Al Hussein, el anterior alto comisionado de derechos humanos de la ONU. Todavía en mitad de la pandemia de COVID, Jared y yo hablamos por videoconferencia, y fue un momento transformador para los dos. Para él, porque no tenía ni idea de las repercusiones tan importantes en derechos humanos generadas por la neurotecnología; para mí, porque me dio una visión desde dentro del complejo entramado internacional de derechos humanos. Tom Cummings había dado en el clavo: fue amor a primera vista. Jared y yo comenzamos a tener una serie de reuniones semanales de una hora, que persisten ya desde hace casi cuatro años.

LA DECLARACIÓN UNIVERSAL NO SE TOCA

Reunión tras reunión, mientras ponía al día a Jared en neurociencia y neurotecnología, él me explicaba cómo nuestro abordaje inicial de los neuroderechos era muy ingenuo. En la reunión del grupo de Morningside habíamos discutido inicialmente como objetivo añadir a los treinta artículos de la Declaración

Universal de Derechos Humanos los cinco neuroderechos, protegiendo no solo los derechos de las personas físicas, sino también de sus mentes. Nuestro argumento era que la Declaración Universal es la raíz de todos los derechos humanos, y define lo que es una persona, y que los neuroderechos tienen que estar incrustados en esta definición desde la raíz. Jared me explicó que la Declaración Universal lleva desde 1948 sin ningún cambio, no porque sea perfecta o porque el mundo no haya evolucionado desde esa época, sino por la imposibilidad logística de poner de acuerdo a dos tercios de los países en la ONU. Me contó que solamente ha habido un consenso parecido dos veces desde que se creó la ONU y se aprobó la Declaración Universal: una vez para admitir a China y otra para admitir a países africanos después de la descolonización por los países occidentales. Aunque la idea de retocar la Declaración era admirable e incluso romántica, también resultaba completamente inoperante e ingenua. Como buen abogado, en estas conversaciones me trajo de vuelta a la tierra e hizo que mis ideas abstractas aterrizasen en la realidad pura y dura. Me convenció completamente de que nuestro objetivo no debía ser cambiar la Declaración Universal, sino retocar de una manera puntual alguno de los otros tratados internacionales de derechos humanos para extender su ámbito de aplicación e incluir la neurotecnología y los neuroderechos. Los tratados de derechos humanos se retocan anualmente e introducir algo relacionado con la neurotecnología era factible. Si queríamos ser efectivos, en el edificio de los derechos humanos de la ONU teníamos que entrar por la puerta de atrás.

EL GRANDULLÓN DAVES

Las conversaciones semanales con Jared fueron tan intensas que ambos tomábamos notas sobre lo que aprendíamos uno del otro, así como de los siguientes pasos que debíamos dar. En una de estas conversaciones surgió el tema de que, a pesar de que la combinación de un científico-médico con un abogado de derechos humanos parecía perfecta para abordar una problemática como la de los neuroderechos, necesitábamos también una tercera pata en esa silla: alguien que aportase la visión de la industria. No parece ideal discutir temas de regulación de la neurotecnología futura si las personas que la están fabricando no se sientan a la mesa. Jared tenía un amigo de la infancia, Jamie Daves, que se había puesto en contacto con él al enterarse de que estaba interesado por la neurotecnología. Jamie sufre acromegalia (gigantismo) y a consecuencia de eso, cuando era joven, un amigo se lanzó a colgarse de él como si fuera un árbol, con la mala fortuna de que le fracturó la columna cervical. Jamie se quedó paralizado, sobrevivió gracias a un respirador y pasó una larga temporada en una cama de hospital sin poder moverse. A pesar de que el pronóstico era nefasto, Jamie fue mejorando poco a poco gracias a varias neurocirugías, y logró recuperar gran parte de la función motora de su cuerpo. Por eso, por ser un paciente de este tipo, seguía con mucho interés personal el desarrollo de la neurotecnología. Además, Jamie había trabajado en la Comisión de Comunicaciones Federales de la Casa Blanca de Clinton para establecer la regulación de todo tipo de medios, y desde entonces llevaba décadas creando y trabajando en distintas *start-ups* en el mundo digital y tecnológico. Jamie era exactamente la pieza que nos faltaba, un experto con el que cubríamos perfectamente el aspecto empresarial y que, además, tenía la visión de un paciente.

CREAMOS UNA FUNDACIÓN

Después de participar Jared, Jamie y yo como ponentes en un evento virtual con cientos de personas de audiencia sobre la neurotecnología y los derechos humanos, nos quedamos hablando por videoconferencia y decidimos formar una fundación privada entre los tres. La llamamos Neurorights Foundation (Fundación Neuroderechos), y en ella canibalizamos la Iniciativa de Neuroderechos que yo había creado, junto a nuestro Centro de Neurotecnología de la Universidad de Columbia, heredando incluso el logo, la página web y las cuentas de redes sociales. Los objetivos de la fundación eran los mismos: fomentar la investigación, la concienciación y la divulgación de los neuroderechos, a lo que añadimos el importante objetivo de recabar financiación para poder crecer y realizar nuestras actividades. Las reuniones semanales entre Jared y yo se convirtieron en las reuniones de la Fundación, que tiene domicilio jurídico en el estado de Nueva York, pero opera de manera virtual. Seguimos siendo cuatro gatos, con una mezcla de voluntarios y empleados a tiempo parcial, pero operamos profesionalmente como una organización sin ánimo de lucro, sin relación con la Universidad de Columbia. Se nos puede describir como una fundación *start-up*. Llevamos ya cinco años funcionando, desdoblándonos cada uno de nosotros para poder trabajar a la vez en una amplia gama de iniciativas abiertas. La verdad es que han sido años de efervescencia, de mucho trabajo y compañerismo.

HACEN FALTA NUEVOS DERECHOS HUMANOS

El objetivo de nuestra fundación de empujar investigaciones sobre neuroderechos se concreta en la preparación de informes públicos sobre temas candentes, que publicamos en nuestra página web para compartirlo libremente. El primero, tomando el relevo de la propuesta inicial del grupo de Morningside, fue un análisis de los ocho tratados más importantes de derechos humanos, para responder a la pregunta de si los neuroderechos están o no cubiertos por ellos. Este análisis comparativo se llama en el derecho anglosajón *gap analysis* o análisis de faltas: que por un lado se exponen unas necesidades, por otro las leyes existentes, y se determina si se cubren o no. Este informe fue bastante minucioso, con cincuenta páginas de análisis jurídico realizado por el equipo legal de la fundación, que examinó punto por punto el Tratado Internacional de Derechos Civiles y Políticos (ICCPR, por sus siglas en inglés), la Convención contra la Tortura y otros Tratos o Castigo Cruel, Inhumano o Degradante (CAT), el Tratado Internacional sobre Derechos Económicos, Sociales y Culturales (ICESCR), la Convención sobre los Derechos de las Personas con Discapacidades (CRPD), la Convención sobre la Eliminación de todas las Formas de Discriminación contra las Mujeres (CEDAW) y la Convención sobre los Derechos del Niño (CRC). Además, analizamos varios tratados internacionales de derechos humanos declaratorios o no vinculantes, incluida la misma Declaración Universal de Derechos Humanos (UDHR); los Principios de Ética Médica relevantes para el personal de salud, particularmente los médicos; los Principios en la Protección de los Prisioneros y los Detenidos contra la tortura, la degradación o el castigo (Principios de la Ética), y los Principios de Bioética y Derechos Humanos (Declaración de Bioética). Tras examinar los cinco neuroderechos con lupa jurídica, uno por uno, la conclusión fue que, si algunos neuroderechos, como el derecho a la privacidad mental, podrían ser incluidos o incluso cubiertos con una interpretación amplia de algún tratado internacional de derechos humanos como el ICCPR, otros, como el derecho a la identidad personal, se quedaban completamente fuera del reglamento internacional. Nuestro informe finalmente concluía que el conjunto de tratados internacionales de derechos humanos, comentarios generales y jurisprudencia está mal equipado para proteger los neuroderechos. Aunque remozar alguno de estos tratados es algo necesario, imprescindible e incluso urgente, la mejor solución sería crear un tratado internacional nuevo de derechos humanos enfocado en la neurotecnología, que cubra desde el comienzo todas las faltas existentes y tenga una vigencia global. Para nosotros, el modelo que habría que seguir sería algo parecido a la solución tomada ante el problema de la energía nuclear, que precisamente tiene todo que ver con la Universidad de Columbia. Gracias al trabajo de concienciación de los físicos del Proyecto Manhattan, liderados por Oppenheimer, el rector de la Universidad, que era Eisenhower, cuando fue nombrado presidente de Estados Unidos llevó el problema a la ONU en 1953, en su famoso discurso «Átomos para la Paz». Esto dio lugar a la creación de la Agencia de Energía Nuclear de la ONU, con sede en Viena, que ha regulado desde entonces la utilización de la energía nuclear con fines pacíficos y bélicos, cruzando los dedos, hasta ahora sin ningún fallo.

LA PULSERA DE REARDON

El segundo informe que preparamos en la fundación versaba sobre la industria. Este estudio, que publicamos en marzo de 2023, fue un análisis de mercado sobre el crecimiento de la industria neurotecnológica, definida como aquella que desarrolla y vende interfaces cerebro-máquina, es decir, dispositivos que permiten la conexión tanto de ida como de vuelta, con el sistema nervioso. Los números eran importantes: descubrimos que la inversión en estos dispositivos había crecido veintiuna veces en la última década, con una inversión de 33.000 millones de dólares en 2023, que ya son palabras mayores. Además, esta industria crece a un ritmo del 17 por ciento anual, lo que para un inversor representa un enorme atractivo. Entre estas compañías, destacan Neuralink, Kernel, Synchron, Paradromics y BlackRock, todas ellas comercializan una serie de dispositivos de uso médico, aunque algunas de ellas están comenzando a desplazarse al sector de la electrónica del consumidor, fuera del ámbito clínico. En este estudio no incluimos a las grandes compañías tecnológicas que también tienen fuertes inversiones en neurotecnología, con la excepción de Meta, que había invertido más de 3,3 mil millones de dólares en el desarrollo de dispositivos neurotecnológicos y había comprado en un acuerdo secreto estimado entre quinientos y mil millones de dólares una pequeña *start-up* llamada Ctrl+ Labs, muy ilustrativa de lo que está ocurriendo en esta industria y del posible futuro, completamente inesperado, en este ámbito. Conozco bien la historia de Ctrl+Labs, ya que su fundador, Thomas Reardon, fue precisamente alumno mío en la Universidad de Columbia. Reardon es una persona fascinante, que no utiliza su nombre de pila, y que como programador de Microsoft fue responsable de la creación de su programa Explorer, que se convirtió en la interfaz de internet más usada en el mundo. Tras este éxito histórico en su carrera profesional, Reardon volvió a la universidad a estudiar el cerebro, que siempre fue su pasión. Tomó mi asignatura y se quedó en la Universidad de Columbia para hacer el doctorado con un colega que trabaja en la médula espinal. Al terminar su tesis, Reardon creó la *start-up* Ctrl+Labs y fabricó una pulsera que mide la actividad eléctrica de los músculos de la muñeca. Como buen neurocientífico, sabía que la actividad muscular tiene una correspondencia exacta con la actividad neuronal, y al utilizar la pulsera fueron capaces de descodificar la actividad neuronal de la médula espinal. De esta manera, con una pulsera en la muñeca se puede entrar en el sistema nervioso central y extraer la actividad neuronal. La idea era descodificar los movimientos que el usuario quiere hacer con los dedos para poder, por ejemplo, escribir a máquina. Pero se dieron cuenta de que las neuronas de la médula espinal no solo reciben instrucciones de los movimientos que tienen que hacer, sino también información cognitiva de la intención del movimiento, incluso componentes emocionales. Esta información se genera en la corteza del cerebro, pero también la recibe la médula espinal. De esta manera, Reardon y su equipo fabricaron un dispositivo con la potencialidad de descodificar al menos parte de la información cognitiva y mental desde la muñeca. No me extraña que Meta pagase tanto por la compañía ni que el acuerdo fuera secreto. Tengo la sensación de que ellos saben algo que los demás no sabemos sobre lo que se puede hacer con la pulserita de Reardon.

EL SALVAJE OESTE DE LOS DATOS NEURONALES

Dado que los dispositivos neurotecnológicos portátiles están empezando a funcionar, la IA es cada vez más potente y las bases de datos empiezan a crecer de manera casi exponencial, no es sorprendente que haya comenzado una especie de «fiebre del oro» en la neurotecnología comercial. Se estima que la neurotecnología comercial no clínica está invirtiendo ya más de seis mil millones de dólares al año, y está creciendo a un ritmo de un 30 por ciento anual. Estos números están basados en compañías cuyo único objetivo es la neurotecnología, pero el número real es seguramente mucho mayor, ya que esencialmente todas las grandes compañías tecnológicas norteamericanas están realizando inversiones crecientes en neurotecnología o incluso en neurociencia. Esta situación es fantástica desde el punto de vista del desarrollo científico, clínico y tecnológico, pero también preocupante desde el punto de vista de los neuroderechos, sobre todo con respecto a la privacidad mental. Como hemos comentado, ya no es ciencia ficción descifrar el lenguaje interno de una persona con un casco de EEG y un algoritmo de IA. Por eso, nuestra fundación realizó otro estudio sobre los contratos de los consumidores de treinta compañías neurotecnológicas, incluyendo solo compañías cuyo principal producto son dispositivos no clínicos. Estos contratos con los clientes son esas páginas y páginas de letra pequeña, escrita con términos legales muchas veces incomprensibles, que tenemos que pasar hasta llegar al botón del final donde decimos que estamos de acuerdo, y así poder encender el dispositivo o descargar el *software*. Bien, pues nuestro equipo jurídico se leyó todos estos contratos, mirándolos con lupa, y descubrió que, en todos los casos, cuando el usuario dice que está de acuerdo y clica el botón, otorga a la compañía la propiedad en perpetuidad de todos sus datos neuronales. Y lo que es peor, en la mayoría de estos contratos con los usuarios, al aceptarlos, el usuario otorga el permiso a la compañía para vender los datos a una tercera parte, que por definición no está especificada. Esto significa, por ejemplo, que una compañía puede utilizar tus datos neuronales con un EEG para diagnosticarte una epilepsia y vender esta información a una aseguradora; también puede vender tus datos neuronales a una potencia extranjera o a un grupo de *hackers* con intenciones maléficas, que podrían utilizarlos para descifrar información confidencial y chantajearte, incluso simplemente con amenazarte con hacerlo. Desde nuestro punto de vista, los datos neuronales no pueden estar menos protegidos. La neurotecnología comercial está en una especie de salvaje Oeste, un territorio sin ley donde los datos neuronales tendrán cada vez más valor comercial y las compañías los acapararán a mansalva, como si fuera un nuevo petróleo. Como no hay regulación, es lógico que las compañías barran con todo, pues así enriquecen su cartera y agenda y se hacen más atractivas para los inversores. Pero, aunque sea lógico, no es lo correcto.

NOS ENFOCAMOS EN LA PRIVACIDAD MENTAL

Nuestros informes de investigación en la Fundación Neuroderechos confirmaron que, dentro de la problemática de los neuroderechos, la protección de la privacidad mental debía ser una prioridad urgente. La razón es que, los otros cuatro neuroderechos, el derecho a la identidad personal, al libre albedrío, al acceso equitativo a la neuroaumentación y la protección contra sesgos, solo cobran importancia en la medida en que las neurotecnologías no invasivas permitan la manipulación selectiva de la actividad cerebral. Esto es algo que todavía no ocurre, aunque poco queda, ya que se ha comprobado que el otro tipo de neurotecnologías, las invasivas que requieren neurocirugía para implantar los dispositivos, pueden dar lugar a efectos secundarios de cambios de personalidad. Además, experimentos con animales de laboratorio en los que ya se ha conseguido alterar la percepción, la memoria, las emociones y el comportamiento con neurotecnología invasiva más potente, utilizando métodos ópticos, nos marcan la pauta de lo que será posible en un futuro con humanos. Por estas razones, decidimos enfocar nuestro trabajo de concienciación en la privacidad mental. Esto se concreta en la protección de los datos neuronales, es decir, los datos obtenidos con neurotecnología, para evitar su desciframiento sin el consentimiento del usuario, su comercialización y garantizar su seguridad. Nuestro equipo legal —dirigido por Jared Genser— conoce bien la situación jurídica en Estados Unidos y nos recomendó que nos involucrásemos en ampliar las leyes existentes de protección de datos para incluir los neurodatos como datos personales sensibles. La estrategia era abordar el problema desde el punto de vista de la privacidad de los datos del consumidor. Ahora bien, Estados Unidos es posiblemente el único país desarrollado que no tiene una ley federal de protección de datos. Por eso, teníamos que empezar a trabajar con los distintos estados de la unión que ya tienen aprobadas estas leyes. Aunque no descartamos la futura implicación del Congreso de Estados Unidos, tanto el Senado como la Cámara de Representantes y la Casa Blanca, nos pareció más factible jurídicamente abordar el problema a una escala local. Con esta reflexión, nos pusimos la montera y empezamos a contactar y trabajar de una manera sistemática con legisladores de distintos estados en Estados Unidos.

NOS LLAMAN DE COLORADO

La primera piedra cayó en el estado de Colorado. La Asociación de Médicos de ese estado es una organización muy involucrada en promover legislación avanzada en temas de salud, y el neurólogo Sean Pauzauskie, que ayuda en estos temas, descubrió nuestro trabajo gracias a la película de Herzog. Sean nos escribió invitándonos a proyectar la película en la reunión anual de la asociación y a participar en un panel con los miembros de esta, al que invitarían a Cathy Kipp, diputada demócrata y miembro de la Cámara de Representantes del Parlamento de Colorado. Así lo hicimos, y la película causó estragos. En la discusión consiguiente, la diputada Kipp mostró su interés en comprometerse en avanzar una legislación sobre el tema en Colorado. Como Colorado es uno de los estados que ya tienen una ley de protección de datos del consumidor que protege los datos personales, decidimos crear un proyecto de ley a medida que definiera legalmente los neurodatos y que los categorizara como datos personales sensibles, así pasarían a ser directamente objeto de la ley de datos. Después de muchas idas y venidas, en el borrador final del proyecto de ley definimos primero la neurotecnología como una serie de métodos que registran la actividad neuronal, tanto del sistema nervioso central (incluyendo el cerebro y la médula espinal), como periférico (incluyendo los ganglios y nervios del resto del cuerpo); después definimos neurodatos como todos los datos obtenidos con neurotecnología, y los consideramos por ley como sensibles. De esta manera, un día de invierno de 2024 este proyecto de ley de neurodatos fue presentado en la Cámara de Representantes de Colorado por la diputada Kipp y comenzó a rodar la bola de los neuroderechos en Estados Unidos, en el estado de las Montañas Rocosas, con nombre en castellano porque siglos atrás fue territorio de la Corona de España.

EN EL CAPITOLIO DE DENVER

El proyecto de ley de neurodatos aterrizó en una de las comisiones de la Cámara de Representantes para que fuese estudiado y debatido. En un ejercicio precioso de democracia viva, todos los proyectos, independientemente de quién los presente, tienen una audiencia pública en la que cualquier ciudadano de Colorado tiene la oportunidad de manifestar su opinión, incluyendo también a cualquier organización que quiera hacerlo. Jared y yo volamos a Denver, donde nos convocaron en una sala del impresionante edificio del Capitolio de Colorado, en lo alto de una colina y con vistas sobre la ciudad y las Rocosas, delante de un comité de una docena de diputados, de los dos partidos políticos, demócratas y republicanos. Nos dieron cuatro minutos a cada uno para exponer nuestro punto de vista, y nos encontramos después de nosotros con una lobista que representaba a un consorcio de compañías tecnológicas y que argumentaba que la regulación era contraria al desarrollo de la industria y tendría un efecto negativo en la economía de Colorado. Por si este argumento no funcionase para tumbar la ley, también propuso, como otra salva de disparos, que la definición de neurodatos era demasiado expansiva y debía reducirse, eliminando el sistema nervioso periférico. Una de las compañías que representaba la lobista era precisamente Meta, por lo que querían dejar la pulsera de Reardon fuera de la ley de neurodatos, aunque no lo confesaran. Después del turno de intervenciones, se abrió un debate, esta vez sin límite de tiempo, en el que volvimos a intervenir, rebatiendo los argumentos de la lobista en un careo en el que se hizo evidente que ella no era experta en la materia y lo que quería era simplemente obstaculizar la ley. Al final, los diputados miembros del comité votaron uno por uno, todos a favor del proyecto de ley, menos un diputado que permaneció en silencio. Cuando la presidenta de la comisión le volvió a preguntar, dijo que ya había votado mentalmente a favor, ante una carcajada general. Con este último voto, el proyecto de ley pasó, con el apoyo unánime de la Comisión a la Cámara de Representantes, para que lo votasen todos los diputados.

CONVENCEMOS A TODOS MENOS A UNO

Otro aspecto preciso de la democracia norteamericana vivita y coleando en el estado de Colorado fue la actitud de consenso por parte de la mayoría parlamentaria. Aunque el respeto por las minorías no es algo particularmente en boga en el Gobierno actual de Estados Unidos, al que considero una excepción, en mi experiencia personal con la Casa Blanca de Obama ya lo había vivido directamente. En Colorado, el proyecto de neurodatos había sido presentado por una diputada demócrata, cuyo partido tenía la mayoría en la Cámara, con lo que no necesitaba ningún voto republicano. Pero me pidieron expresamente que hablase con los diputados republicanos, y tuve la ocasión de hacerlo de una manera informal en el pasillo, mientras esperaba a que nos llegase el turno de comparecer. Estas conversaciones fueron muy correctas, sin ningún atisbo partidista, pero encontraba reacio a mi interlocutor, un diputado líder de los republicanos que los demócratas querían que firmase el proyecto de ley. Hablando de otras cosas, le pregunté de dónde era, y me dijo que de un pueblo pequeño que nadie conoce en el oeste de Colorado. Como me encantan la geografía y los mapas, le pregunté cuál era el pueblo y, cuando me dijo su nombre, resulta que yo había estado allí al final de una excursión de senderismo por el maravilloso Parque Nacional de Mesa Verde. Se le alegró la cara cuando le dije que no solo conocía su pueblo, sino que tenían un café donde servían unos capuchinos fantásticos. Me dijo orgulloso que allí precisamente va todas las mañanas a por su capuchino. Total, apoyo conseguido. Se puso de nuestro lado, firmó el proyecto y con ello atrajo el apoyo del grupo republicano de la Cámara, donde unos días después se votó unánimemente a favor. Tan solo quedó un diputado, con sombrero y botas de *cowboy*, que parece que está enfadado con sus compañeros y vota que no a todos los proyectos de ley, independientemente de lo que digan.

VOTO UNÁNIME EN EL SENADO

Con el respaldo de la Cámara el proyecto de ley pasó al Senado de Colorado, que necesitaba otra vez discutirlo y votarlo, en un proceso largo y escrupuloso que ocurre con todas las leyes. El Senado es la cámara más importante en los parlamentos en Estados Unidos, y es donde ocurren los posicionamientos y argumentos clave, tanto a favor como en contra de las leyes. Nos invitaron otra vez a Jared y a mí para que participásemos en la discusión pública de la ley en el Comité del Senado, donde nos esperaban los lobistas con la escopeta cargada. Esta vez habían hecho mejor los deberes con una multitud de argumentos, no para descarrilar el proyecto de ley, que era difícil, ya que tenía el apoyo esencialmente unánime de la Cámara y de los dos partidos, sino para descafeinarlo. Se metieron con el fondo y la forma, pidiendo alterar casi todas las palabras del texto consensuado, eliminando todo lo que podría dar sustancia al proyecto, incluida la mención al sistema nervioso periférico. Jared y yo nos empleamos a fondo y les rebatimos todo con argumentos tanto jurídicos como científicos, médicos y tecnológicos. El comité se puso de nuestro lado y el voto fue a favor de todos los miembros de la comisión. Otro obstáculo salvado. En los pasillos, hablé con el senador republicano Baisley, que se interesó por qué Jared y yo habíamos venido de Washington D. C. y Nueva York solamente para participar en este debate. Le hablé con toda franqueza, diciéndole que no nos pagaba nadie, que lo hacíamos gratis y que teníamos que volver esa misma tarde a la costa este a reincorporarnos a nuestras obligaciones profesionales. Se quedó sorprendido de que hiciéramos todo esto gratis, a diferencia de los lobistas, y me dijo que le parecía tan admirable nuestro gesto que se iba a involucrar personalmente en el proyecto de ley. Le pidió permiso al bando demócrata para presentar él mismo el proyecto en el Senado, y así ocurrió: el proyecto de neurodatos, presentado en la Cámara por una diputada demócrata, fue presentado en el Senado por un senador republicano, que contagió a todos sus colegas con su entusiasmo. Con otra votación unánime, como en Chile y Río Grande, el proyecto de neurodatos fue aprobado por el Senado y se envió a la oficina del Gobernador del estado para que lo firmase y entrase en vigor.

ME REGALAN UNA PLUMA

El gobernador de Colorado entonces, Jared Polis, es una persona bastante famosa en Estados Unidos. De origen judío y abiertamente homosexual, fue elegido y reelegido representando al partido demócrata con aplastantes mayorías, y demostrando el consenso social que aglutina. Es un empresario que empezó vendiendo flores *online* y ha amasado una gran fortuna con empresas de comunicación; políticamente se ha destacado por su agenda progresista y también libertaria e individualista, una mentalidad muy extendida en el Oeste de Estados Unidos, donde el aislamiento geográfico lleva a que la gente tenga que depender de sí misma para solucionar muchos problemas básicos de la vida. El 17 de abril de 2024 nos convocó en su oficina en el Capitolio en Denver para la firma de la ley de neurodatos. Normalmente los gobernadores firman las leyes de una manera burocrática y automática, pero esta vez, dándose cuenta de que era un momento posiblemente histórico, quiso hacer una ceremonia. Jared y yo fuimos otra vez a Denver donde nos juntamos con nuestro colega local Sean Pauzauskie, la diputada demócrata Kipp y el senador republicano Baisley. El gobernador nos recibió amablemente en su despacho, con un balcón a las nevadas montañas, se sentó en su mesa oficial y nos colocamos de pie detrás de él, en una demostración de unidad. Firmó la ley y, acto seguido, se dio la vuelta, me estrechó la mano y me regaló la pluma de recuerdo. Le agradecí su apoyo y su valentía política, y le comenté que esta ley que había firmado era la primera en regular la neurotecnología. Con esta ceremonia, sencilla, pero cargada de significado, Colorado se convirtió no solo en el primer estado de Estados Unidos en definir jurídicamente y proteger los neurodatos, sino también en el primer lugar en el mundo donde se establece una ley concreta que regula la neurotecnología, con consecuencias penales si no se cumple. Las enmiendas constitucionales de Chile y Río Grande del Sur son hitos importantes, pero para aterrizarlas en el día a día de la sociedad necesitan leyes que las desarrollen, porque si no, los mandatos constitucionales dependen de las interpretaciones que les dan los jueces y se pueden quedar en agua de borrajas. Por ello, es imprescindible que leyes concretas, con un lenguaje legal nítido, aclaren exactamente qué es lo que se debe o no se debe hacer.

Por azares de la vida, Colorado, ese precioso estado entre montañas, se convirtió en el primer sitio del mundo en proteger los datos cerebrales de sus ciudadanos con una ley. Este momento histórico fue reflejado por la prensa, la radio y la televisión. Al día siguiente, ya en Nueva York, me desperté con el ejemplar del día de *The New York Times*, donde en la portada anunciaban la firma de la ley de Colorado, resaltando el consenso bipartidista y el papel crítico de nuestra fundación.

OTRO MOMENTO OPPENHEIMER

Durante el tiempo en que empezábamos a trabajar con el estado de Colorado, en mitad de la noche me llamó mi colega Eddie Chang, un neurocirujano y neurobiólogo de la Universidad de California en San Francisco. Eddie era una de las personas a las que habíamos entrevistado en la película de Herzog, que, de hecho, nos dejó filmar una de sus operaciones a cerebro abierto, donde moviendo un vaso sanguíneo que estaba pinzando un nervio, consiguió inmediatamente solucionar el problema de dolor crónico incapacitante de su paciente. Aparte de tener manos mágicas, que Werner filmó mientras Eddie las movía preparándose mentalmente para la operación en una secuencia inolvidable, Eddie y su equipo han sido pioneros en el desciframiento del habla a partir de registros con electrodos implantados de la actividad de la corteza en pacientes con problemas neurológicos. La razón de la llamada es que esa noche Eddie no podía dormir, porque habían empezado a utilizar inteligencia artificial para descifrar los datos neuronales en sus pacientes, y se había dado cuenta de las futuras implicaciones éticas y sociales de la tecnología. Otro momento Oppenheimer. Me contó, con su calma acostumbrada, que tenían una paciente paralizada que había tenido un infarto en el bulbo raquídeo del cerebro y que no podía moverse o comunicarse con el exterior. Un caso típico de síndrome «encerrado» o *locked-in*, como el famoso físico inglés Stephen Hawking, que dio la vuelta al mundo en una silla de ruedas que manejaba moviendo los ojos. Pues bien, le habían implantado a esta mujer unos electrodos en la corteza motora y habían utilizado inteligencia artificial generativa para descodificar su lenguaje interno. Se dieron cuenta de que no solo podían descodificar su lenguaje, sino también sus emociones e incluso los gestos de la cara. Conectando el algoritmo a una pantalla, generaron una animación de la cabeza de la mujer y la dotaron de su habla, emociones y gestos, creando un avatar de la paciente que, conectado a su cerebro, le servía como doble para poder interactuar con el mundo. Me recorrió un sudor frío mientras me lo contaba, pero siempre positivo lo felicité por este avance tan impresionante, diciéndole que su equipo y él eran héroes por haber podido liberar a esta mujer de su terrible sino. Pero la razón de la llamada no era recibir mi apoyo, sino poner encima de la mesa la posibilidad de descodificar la actividad mental y el comportamiento de una persona. Hasta el día de hoy, este trabajo de Chang y su equipo es la demostración más avanzada de que descifrar el lenguaje, el comportamiento, las emociones e incluso los gestos faciales es factible. Aunque la paciente de Chang tenía un dispositivo implantado, es posible imaginar un futuro en el que este tipo de desciframiento se realice con tecnología no implantada y portátil, y que se aplique no solo a pacientes clínicos, sino también a personas sanas.

EN LA BARRA CON EL SENADOR BECKER

Durante la llamada en esa noche, Eddie Chang cambió su opinión sobre los problemas éticos y sociales de la neurotecnología.

La primera vez que contacté con él para enredarle en el rodaje de la película de Herzog fue muy reacio a participar, ya que, como muchos científicos entre los que me incluyo, su actitud es de «zapatero a tus zapatos», es decir, que nuestro deber es hacer experimentos y no liarnos en otros líos. Cuando recibió a todo el *film crew* en su hospital, se abrió un poco a la idea de que había problemas éticos con la utilización futura de la neurotecnología, pero nos dijo directamente que no quería discutirlos ante una cámara. Pero esa noche que me llamó, en ese momento Oppenheimer, Eddie cambió de opinión y decidió ayudarnos con los neuroderechos. Como acabábamos de presentar la película en Toronto, le propuse organizar un pase público en su universidad, la Universidad de California en San Francisco, e invitar a distintas personas para dar mayor visibilidad a la problemática. Le encantó la idea y preparamos una lista de gente en la que incluimos a un senador estatal de California, el demócrata Josh Becker, que era conocido de nuestro Jamie Daves, el cofundador de la Fundación de Neuroderechos. Becker, que es precisamente el senador que representa al distrito de Silicon Valley, está muy comprometido en cuestiones de tecnología. Aunque no pudo llegar al pase, ya que vino de Sacramento, se nos unió a la cena, en la que además de Chang, Jamie y yo, estaba también Jack Gallant, un colega de la Universidad de Berkeley, pionero en el desciframiento de las imágenes mentales utilizando escáneres de resonancia magnética a quien también entrevistamos en la película. Como acabamos siendo muchos, nos sentamos en una mesa larga en la barra del bar y pusimos al día a Becker de los avances sensacionales por la utilización de inteligencia artificial generativa, de la descodificación de la actividad cerebral, tanto con tecnología invasiva como no invasiva, y también de los procesos regulatorios en Chile y Colorado. El senador se interesó muchísimo por el tema, le noté el brillo en los ojos, y nos comentó que estaba preparando un paquete de proyectos de ley sobre inteligencia artificial y que sería bastante natural incluir también la neurotecnología con una ley específica. Además, como California, y su distrito en concreto, es el centro mundial de la tecnología, pensaba que también debería liderar en la regulación legal de la tecnología. Becker es judío, y sacó a relucir la máxima del rabino Hillel: «Si soy solo para mí, ¿quién soy? Y si no es ahora, ¿cuándo?». Y así, con la impresión de que si no lo hacíamos nosotros, nadie más iba a hacerlo, decidimos empezar a colaborar entre todos para escribir un proyecto de ley de neuroderechos en California.

EN EL CAPITOLIO DE CALIFORNIA

A diferencia de otros estados de Estados Unidos, en la legislatura de California las organizaciones externas pueden patrocinar proyectos de ley. El senador Becker nos pidió que lo hiciéramos, facilitando así el trabajo jurídico de preparación del proyecto. De esta manera, el equipo jurídico de la Fundación Neuroderechos comenzó a trabajar en reuniones semanales con la oficina de Becker y los letrados del Senado de California, llegando pronto a un anteproyecto de ley que se llamó Neuroderechos en referencia a la fundación. En el texto, muy parecido al de Colorado, definíamos jurídicamente la neurotecnología y los neurodatos y, por ley, los tratábamos como datos sensibles. De esta manera, de un plumazo, los datos neuronales pasarían a formar parte de los datos protegidos por la CCPA, la Ley de Protección de Datos del Consumidor de California —famosa porque los expertos jurídicos la consideran la ley de protección de datos más severa del mundo, incluso más que el GDPR, el Reglamento General de Protección de Datos europeo—. Además, a nivel mundial, la ley de neuroderechos de California tendría una importancia especial, ya que más de la mitad de la industria neurotecnológica del planeta se encuentra en este estado, que alberga la mayoría de las grandes compañías tecnológicas globales. Aparte de esto, el proceso en California de impulsar la ley de neuroderechos fue parecido al de Colorado, con discusión en comités con audiencias públicas y votos en la sala. Aunque California también tiene un sistema bicameral, el Senado lleva la voz cantante a la hora de introducir leyes, así que el senador Becker presentó el anteproyecto. En California los demócratas tienen supermayoría, lo que significa que no necesitan ningún apoyo republicano para aprobar leyes o gobernar. Pero, en otro gesto bonito de democracia, el objetivo de Becker era convencer a todos y atraer el apoyo de los republicanos. Por ello, y previniendo también la fuerte oposición de la industria, nos empleamos a fondo en la preparación del anteproyecto, y obtuvimos cartas de apoyo de Eddie Chang y de la Organización Médica de California. Nos citaron a declarar en el comité del Senado que estudió el proyecto, y Jared y yo cogimos un avión a Sacramento, la capital del estado de California, en medio del valle central, un territorio tan propicio para la agricultura que se conoce como el Valle Dorado. En mitad de la ciudad, otra vez en lo alto de una colina, igual que Denver y copiando a Washington, que a su vez copia a Roma, se encuentra el Capitolio del Estado, un edificio impresionante y al que nos dirigimos convocados por los representantes del pueblo de California.

NOS LLEGA OTRO VOTO MENTAL

Como era de esperar, pues California es su casa, nos dimos de bruces otra vez con los lobistas de las compañías tecnológicas, que intentaron tumbar o recortar los efectos de la ley. Los argumentos eran más afilados que en Colorado, y esta vez los lobistas tenían conocimiento de causa. Jared y yo nos empleamos a fondo, rebatiendo todos los argumentos uno por uno. Me volvió a tocar lidiar con el intento de descafeinar la ley para quitar los datos del sistema nervioso periférico e hice lo que pude para explicar en pocos minutos el brazalete de Reardon y por qué era importante. Los senadores de la comisión escuchaban atentos, y republicanos y demócratas estaban unidos en sus comentarios, hasta tal punto que no sabíamos quién era quién. En un comentario recibido con carcajadas generales, un senador republicano dijo que este anteproyecto de ley era la definición de un *no-brainer*, una expresión en inglés que literalmente significa 'sin cerebro' y que se usa para definir algo que es absolutamente obvio. Todos votaron a favor de la ley de neuroderechos, menos uno, que parecía haberse abstenido. Cuando la presidenta de la comisión se lo recriminó, el senador dijo que ya había votado, mentalmente, a favor. Más carcajadas. Así, en un ambiente distendido, pasamos la prueba crítica del comité del Senado. Salimos a cenar para celebrarlo con Becker y su asistente, en un restaurante al aire libre en esa zona tan privilegiada del mundo en términos de clima y recursos naturales. Becker estaba feliz porque de todo el paquete de leyes que había presentado, incluyendo varias para regular la IA, la nuestra fue la única aprobada por unanimidad. Salimos pitando de la cena para coger los aviones de vuelta a la costa este, y volví a Nueva York sin haber dormido, con los ojos rojos, pero con la satisfacción de haber contribuido a hacer algo importante.

EL GOBERNADOR GAVIN POR FIN LO FIRMA

Como era de esperar, el voto de nuestro proyecto de ley de neuroderechos en el Senado de California fue unánime. Esta vez no había ningún *cowboy*. Y Becker mandó la ley a la Cámara, donde parece que lo único que les importa es si hay que añadir un presupuesto a las leyes. Después de consultarlo con nosotros, nos pusimos de acuerdo para añadir una coletilla que explicara que esta era una ley sin presupuesto, es decir, que no requiere dotación económica para su aplicación, ya que en realidad le endosa el asunto de los neurodatos a la CCPA, que ya tiene una sabrosa burocracia que se encarga de todo. Con esta coletilla, pasamos la prueba de la Cámara sin problemas. Hubo otra discusión pública en la comisión, pero los lobistas tiraron la toalla, la comisión votó unánimemente a favor, se pasó el proyecto de ley a la sala de la Cámara, y, con otro voto unánime, la ley de neuroderechos fue aprobada por el Parlamento de California. Con esto, solo faltaba que la firmara el gobernador para que entrase en vigor. Nos las dábamos muy felices, esperando que el gobernador hiciera otra ceremonia, al estilo Colorado, y que nos regalase la pluma. Pero pasaban los días y no había llamada de Sacramento. Jared, como buen abogado que se las sabe todas, nos avisó de que, en el estado de California, los proyectos de ley, aunque estén aprobados por la legislatura, tienen fecha de caducidad si no los firma el gobernador, y esa fecha se estaba acercando peligrosamente. Nos temíamos lo peor, que alguna de las fuertes compañías tecnológicas le hubiera dado un telefonazo al gobernador para que la parase. De hecho, durante el proceso ya habían llamado a Becker para, de una manera sutil, «interesarse» por la ley. Faltaba una semana para la expiración del plazo y todos cruzábamos los dedos. Pero resulta que el gobernador, Gavin Newsom, otro empresario y exalcalde de San Francisco, es un demócrata progresista que no solo es intensamente popular en California, donde arrasó con casi el 60 por ciento de los votos, sino que tiene un cartel político a nivel nacional. La firma de nuestra ley le había pillado en mitad del lío resultante de que el presidente Biden no se presentara a la reelección. Newsom era precisamente uno de los tres nombres que optaban a ser candidato a presidente, frente a Trump, que representaba a los republicanos. Total, que nuestra pobre ley de neuroderechos no era precisamente lo que Newsom tenía en la cabeza en esos momentos. Como ocurre en los partidos de baloncesto, el reloj siguió corriendo hasta el final, poniéndonos de los nervios por el riesgo de que todo se echara a perder. Precisamente el último día, a pocas horas de la expiración, nos llegó la noticia de que Newsom por fin había firmado la ley. Kamala Harris fue escogida como candidata demócrata y nuestro gobernador pudo volver a sus zapatos y a toda prisa reincorporarse al trabajo que tenía pendiente. Nunca habría esperado que las ramificaciones políticas de la carrera presidencial nos involucrasen directamente. Pero, como dicen en euskera, «azkenean konta», 'lo que importa es el final'. Aunque nos quedamos sin ceremonia ni pluma, conseguimos que el lugar del mundo donde se fabrica la mayor parte de la tecnología, el estado de California, protegiera los neurodatos de sus ciudadanos.

HABLANDO CON EL SENADOR DE MONTANA

Colorado y California no fueron los únicos estados interesados en proteger la privacidad mental. Acto seguido, nos enteramos por casualidad de que un senador en Montana, Daniel Zolnikov, había propuesto una ley de neurodatos. Esto era un poco raro, ya que Zolnikov era republicano; además, en una legislatura como la de Montana, donde los republicanos tienen una mayoría muy amplia, y no entendíamos cómo una iniciativa así, a favor de los derechos fundamentales de los ciudadanos, podría partir del bando republicano, que suele estar más del lado de las empresas. Jared y yo contactamos con él por Zoom, y nos encontramos con una persona joven, afable y desenfadada que, de hecho, habló con nosotros mientras cuidaba a su hija pequeña, a quien tenía en brazos, porque su mujer estaba en el trabajo y el sueldo de senador estatal en Montana no daba para mucho. Nos entendimos de perlas, ya que era una persona directa, inteligente, práctica y valiente. Nos explicó que había leído en los periódicos sobre la ley de Colorado, que es un estado cercano geográfica y mentalmente a Montana, y que le había gustado mucho. Nos contó que la razón por la que se había lanzado a presentar el proyecto de ley era porque la gente de Montana odia cualquier intromisión en su vida privada: la posibilidad de que alguien, sea el estado o una compañía privada, pudiera acaparar, descifrar y vender sus datos neuronales le repugnaba. Por ello, aun viniendo del otro extremo político que la diputada Kipp de Colorado o el senador Becker de California, el senador Zolnikov de Montana había llegado exactamente a la misma conclusión. Además, independientemente de argumentos políticos o jurídicos, nos entendimos tan bien con él que nos invitó a visitarlo para conocernos. Pero no hubo tiempo, porque en Montana son superrápidos: parece que ni siquiera tienen la legislatura abierta todo el año, para ahorrar. Le dimos comentarios jurídico que incorporó a su proyecto de ley, que seguía las mismas pautas que el de Colorado, y lo pusimos en contacto con Kipp y el senador republicano Baisley, de Colorado, como apoyo externo. Así es como se tramitó la ley por el Senado y Cámara de Montana, con apoyo demócrata, por supuesto, y con sendas votaciones unánimes otra vez y con otra firma sin ceremonia o pluma. Con ello, el muy republicano estado de Montana se unió a los estados demócratas de Colorado y California con leyes de protección de los neurodatos.

SE CORRE LA VOZ POR ESTADOS UNIDOS

Con estados emblemáticos de los dos bandos metidos en faena, las legislaturas de muchos otros estados se dieron cuenta de que la protección de los neurodatos era una cuestión apartidista y urgente. El papel que desempeñamos desde la fundación de Neuroderechos como apoyo científico, médico y jurídico, trabajando gratis, nos ha revertido en muchos otros «clientes». Por ello, en los últimos meses hemos recibido una avalancha de contactos de otros estados que nos han pedido ayuda. Muchos de ellos, como Alabama, Vermont, Illinois, Massachusetts y Connecticut, ya han presentado proyectos de ley emulando a Colorado. Otros, como Delaware, Nueva York, Maryland, Luisiana y Texas, están pensando en hacerlo. Con nuestro pequeño equipo de becarios voluntarios y sin dinero para contratar a nadie, estamos casi desbordados. Pero, al igual que un médico receta siempre lo mismo a los pacientes que tienen los mismos síntomas, después de estudiar la situación jurídica de protección de datos en el estado en cuestión, nuestras recomendaciones son muy parecidas.

Que la agenda de protección de datos neuronales esté corriendo como la pólvora por Estados Unidos es un tributo al sistema político descentralizado de ese país, donde los estados individuales tienen mucha libertad y capacidad de decisión para organizar la vida de sus ciudadanos. Esto nos ha permitido, igual que en Chile y Río Grande, operar en legislaturas relativamente pequeñas, donde el papel de los lobistas no es determinante, todo el mundo se conoce y las conversaciones cara a cara, mirando a los ojos y con un apretón de manos, todavía importan.

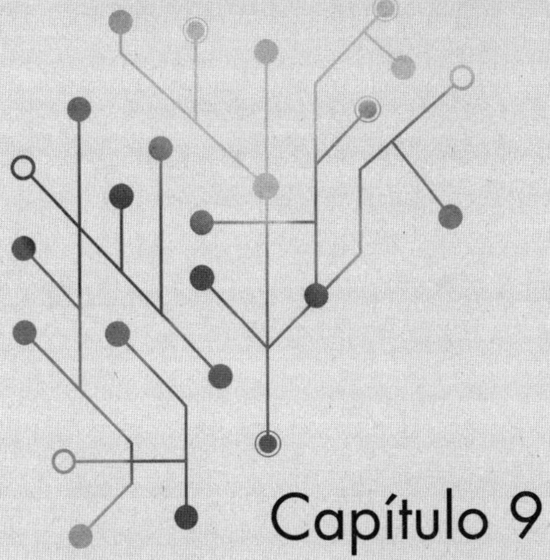

Capítulo 9

Otra vez en la Casa Blanca

WASHINGTON ES OTRA HISTORIA

A diferencia de sistemas políticos más manejables, el Congreso y el Gobierno de Estados Unidos son mucho más complejos. El enorme tamaño de la administración de Washington, Distrito de Columbia (D. C.), hace necesariamente que el número de gente involucrada sea grande, y como ocurre en todo el mundo, cada persona tiene su propia opinión y quiere dejar huella en cualquier proceso, sobre todo si es algo ambicioso. Además, para incorporar todas las opiniones, hay multitud de comités, y, por inercia, se mueven lentamente, recabando el mínimo denominador común a la hora de la toma o ejecución de decisiones. Por si esto fuera poco, en otro giro de tuerca, desde hace siglos las decisiones políticas en Estados Unidos son inseparables de los lobbistas privados, que aumentan en número y en efectividad cuanto más importante sea el tema o más presupuesto involucre. La guinda, por supuesto, es la inmensa burocracia gubernamental, que a veces se parece a las selvas impenetrables del cerebro de Cajal, donde se necesita un guía para no perderse. Si se piensa fríamente, con un sistema así, es difícil creer que proyectos salgan adelante, porque la mayoría mueren al chocar contra estos diques rompeolas políticos, administrativos y burocráticos. De hecho, cuando sacamos adelante la Iniciativa BRAIN, la mayor parte de las felicitaciones no nos vinieron por el contenido rompedor de nuestra propuesta, sino por haber logrado lanzar una flecha por la selva de Washington que llegase a su diana y haber conseguido que algo se moviera. Pero con los neuroderechos, la verdad es que no hemos tenido tanta suerte. Por ahora, nuestros repetidos intentos por prender la llama de la protección de la actividad mental en el ámbito federal involucrando a todo el país no han dado frutos.

DANDO LA VARA OTRA VEZ

La elección del presidente Biden en 2020 supuso una ventana de esperanza para lograr el apoyo de su nuevo gobierno, y en el momento en que fue elegido, nos pusimos a trabajar preparando borradores o informes de referencia (*white papers*). Se trata de memorándums de pocas páginas dirigidos a lo que se llama los *landing teams* o equipos de aterrizaje, personas normalmente con mucha experiencia en Washington y que se involucran en cada ministerio de la nueva administración, pero con un papel limitado al empezar el nuevo mandato. Son especialistas en arrancar las cosas, pero que después se bajan del tren una vez que este está en marcha, y que no se hacen cargo de los ministerios. Aproveché la ocasión para mandar un borrador al equipo de aterrizaje de la oficina de ciencia y tecnología, el Ministerio de Ciencia, para resucitar la idea de los «observatorios cerebrales», es decir, los laboratorios nacionales de neurotecnología. Esto era parte fundamental de la propuesta que le hicimos al gobierno de Obama, y consiste en la creación de centros especializados que den servicio a todo el país y que alberguen a los equipos neurotecnológicos más costosos. Algo les gustó, porque nos respondieron y nos pidieron que hiciéramos un resumen de una página con un gráfico para incorporarlo en un abanico de propuestas que realizarían en los primeros cien días de la administración de Biden. Así lo hicimos, con ilusión, pero el proyecto se quedó en agua de borrajas, ya que no volvimos a oír más de ello, posiblemente perdido en la cacofonía de propuestas que les llegaron como una avalancha después de los cuatro años de la presidencia de Trump, que se había destacado por reducir al mínimo la inversión en ciencia. El único efecto que tuvo nuestra propuesta fue interesar a una fundación privada del magnate tecnológico y antiguo consejero delegado de Google, Eric Schmidt, que había contratado a Tom Kalil, mi compinche de la Oficina de Ciencia de la Casa Blanca de Obama que consiguió la magia de que se lanzase y aprobase la Iniciativa BRAIN. Kalil me invitó a varias reuniones con Schmidt y su fundación para explorar la idea de realizar parte de nuestro sueño, pero de otra manera más ágil, a través de un modelo que llaman organizaciones de investigación enfocadas (Focused Research Organizations). En un modelo muy original, propusieron la creación de pequeños laboratorios que exploren temas de fronteras tecnológicas, todo con financiación privada, trabajando en temas muy concretos, con objetivos claros y medibles, con un límite de cinco años de financiación. Su idea es crear unas *startups* científicas, unas pequeñas compañías sin ánimo de lucro para solucionar un problema específico o abrir un campo nuevo de la ciencia. La fundación de Schmidt ha empezado desde entonces a crear estas organizaciones, que pueden acabar siendo revolucionarias.

SEGUNDA PROPUESTA A BIDEN

Después de varias semanas sin respuesta, hablé con Jared y decidimos escribir otra propuesta para el equipo de aterrizaje del Departamento de Estado, que es el equivalente al Ministerio de Asuntos Exteriores, y que se encarga de todos los temas relacionados con los derechos humanos. En este segundo memorándum, proponíamos al Gobierno de Biden la creación de un Consejo Nacional de Neurotecnología que asesorase al Gobierno y al Congreso sobre el futuro de la neurotecnología y sus repercusiones en ciencia, medicina, economía, sociedad y derechos humanos. Pensábamos que en este consejo era necesario tener representantes de la administración, la ciencia, la medicina, los derechos humanos y también, como parte integral para explorar posibles soluciones, de la industria. La idea era un poco repetir el grupo de Morningside, pero puesto al día. Para escribir y firmar nuestra propuesta reclutamos a mi colega y amigo Darío Gil, otro madrileño que se crio a dos manzanas de mí en Chamberí y que también lleva toda su carrera en Estados Unidos, y que era el director de investigación y vicepresidente de IBM. Esta es una de las grandes compañías tecnológicas del mundo, líder en campos innovadores como la computación cuántica, también con una tradición enorme de involucrarse en cuestiones éticas y sociales. Yo conocía a Darío porque lo habíamos entrevistado para la película de Herzog. La escena en la que le enseña a Werner la computadora cuántica, en el centro de investigación Watson de IBM, en la campiña a las afueras de Nueva York, es una de las más impresionantes y divertidas del film. Darío me había invitado a hablar de neurotecnología a los investigadores de IBM y de neuroderechos al consejo ético de la compañía, e inmediatamente hicimos muy buenas migas, ya que pensábamos igual sobre el problema. Por ello, le pedí a Darío que se uniera a nuestra propuesta, como representante de la industria, de hecho, un icono de la industria. Después de consultarlo internamente, lo hizo encantado y mandamos el *email* al equipo de aterrizaje del Departamento de Estado, cruzando los dedos para que lo encontraran interesante y nos llamaran.

NOS LLAMAN DEL CONSEJO DE SEGURIDAD NACIONAL

La llamada no vino del Departamento de Estado, sino del Consejo de Seguridad Nacional (NSC o National Security Council), algo que encontramos muy raro, como si se hubieran cruzado los cables y nuestro *email* hubiese llegado a la bandeja equivocada. Confieso que yo no tenía ni idea de quiénes eran y qué hacían, tanto que lo busqué en Wikipedia. Casi me caigo de la silla cuando descubrí que los integrantes del NSC son los que salieron retratados en la famosa foto de la Casa Blanca el día que asesinaron a Bin Laden en directo. Es el alto consejo que decide las cuestiones más importantes de asuntos de seguridad, compuesto por el presidente, vicepresidente, jefes del Pentágono, la CIA, FBI, etc. En fin, todo el tropel. Entre sus competencias está mantener lo que llaman eufemísticamente la Matriz de Disposición, o el *kill list*, la lista de la muerte, donde están ordenadas por prioridad las personas que el gobierno de Estados Unidos está autorizado a matar. De hecho, como si hubiera todavía diferencia de clases a la hora de ser asesinado, parece que tienen dos listas, una para ciudadanos norteamericanos y otra para extranjeros, que debió liderar en solitario Bin Laden. Me quedé francamente preocupado porque el NSC quisiera hablar con nosotros y revisé mentalmente nuestras actividades por si habíamos hecho algo remotamente cercano a temas de seguridad nacional. Estábamos completamente perdidos, no entendíamos por qué nuestro inocente memorándum para crear un comité había despertado el interés del NSC. Nos convocaron a una reunión por Zoom y, una vez conectados, nos dijeron que apagásemos nuestras cámaras, que no nos refiriéramos a nadie por su nombre y que asumiéramos que estábamos siendo filmados y escuchados por actores maléficos. Como en una película de espías. En esta reunión nos dijeron que les habían pasado nuestro memorándum los del Departamento de Estado y que les había parecido interesante, nos hicieron todo tipo de preguntas y, sin revelar ninguna carta, nos convocaron a una visita próxima a la Casa Blanca.

MI OCTAVA VEZ EN LA CASA BLANCA

Por las vueltas que da la vida, durante el gobierno de Obama había visitado la Casa Blanca seis veces, y durante la primera administración de Trump estuve otra vez, pero en esa séptima ocasión, en lugar de estar dentro de la Casa Blanca ayudando a hacer política científica, estuve fuera de las verjas con una pancarta participando en una manifestación en defensa de la ciencia. En mi octava visita, acompañado por Jared, Darío, Jamie y una abogada asociada de Jared, nos plantamos una mañana en el control de seguridad en la puerta de la calle de la Casa Blanca, pero esta vez no había nadie esperándonos, como sucedió con Obama. Fue algo premonitorio, y la falta de cordialidad se demostró también cuando, después de dar varias vueltas por el edificio Eisenhower completamente perdidos y buscando la sala de reuniones donde nos habían convocado, nos encontramos esperando a un equipo de unas diez personas muy jóvenes que estaban enfadadas porque habíamos llegado cinco minutos tarde y que, además, nos anunciaron que sus jefes séniores habían cancelado la cita en el último minuto porque habían surgido cosas más importantes. Se presentaron. Había representantes del NSC, de la Oficina de Ciencia y Tecnología, y también del Departamento de Estado. Inauguraron la reunión diciendo que querían hablar de China, algo que nos provocó una sonrisa, pues por fin entendimos la razón de la convocatoria por el NSC. Nos anunciaron que tenían información sobre las actividades de China en neurotecnología y para contrastarla con nosotros querían hacer un *debriefing*, es decir, un interrogatorio para que les pasásemos todo lo que sabíamos sobre el tema. Mis acompañantes me miraron a mí, para que salvase la situación, y a bote pronto les conté todo lo que sabía sobre neurotecnología en China.

En cinco tensos minutos, ya que no sabía por dónde respiraban y si era una pregunta trampa que nos metería en problemas de seguridad nacional, les resumí que, por toda la información que tengo, China está muy lejos en neurotecnología, no solo de Estados Unidos, sino de otros países, y que les llevaría más de una década o dos ponerse a la vanguardia mundial. Les conté que todos los colegas en China que conozco, tanto neurobiólogos como médicos, apoyan a fondo los neuroderechos y que, incluso uno de los miembros del grupo de Morningside representaba la iniciativa del cerebro de China. Ellos se miraron entre sí, asintiendo, y nos dijeron que sus agentes «en el campo», es decir, sus espías en China, habían llegado a las mismas conclusiones. Respiré tranquilo, con la seguridad de que no íbamos a salir esposados de esa sala por haber dicho algo inapropiado. Nos confesaron que estaban muy preocupados porque se habían enterado de que China había creado un laboratorio central de neurotecnología para su proyecto del cerebro, y que lo dirigía precisamente el Ejército chino, por lo que el NSC lo consideraba una cuestión de seguridad nacional. Acto seguido nos preguntaron dónde estaba el laboratorio nacional de neurotecnología de la Iniciativa BRAIN norteamericana, y les puse al día sobre la década de discusiones y debates infructuosos en los que, a pesar de todos mis esfuerzos, se decidió repartir el dinero en más de quinientos proyectos distintos, en vez de concentrar parte de esta financiación en un lugar para crear un «observatorio cerebral». No les gustó mi respuesta y acto seguido nos preguntaron si se podrían utilizar los neuroderechos como un arma diplomática internacional contra China. Confesamos nuestra ignorancia sobre la posible estrategia que ellos tenían en mente, pero les resalté que mientras que un representante del proyecto del cerebro de China había firmado la declaración de neuroderechos, precisamente la representante de la Iniciativa BRAIN de Estados Unidos se había retirado al final por cuestiones administrativas. Tampoco les gustó la respuesta.

En los pocos minutos que nos quedaban de reunión, intentamos interesarles por la propuesta inicial de crear un Consejo Nacional de Neurotecnología, para discutir su futuro y liderar el mundo no solo en la creación de tecnología, sino también en su regulación y control. Pero, a pesar de que esto podría interesarles en términos de prestigio internacional, los encontramos francamente desinteresados, mirando el reloj, y nos dieron puerta en cuanto pudieron. Salimos cabizbajos de la Casa Blanca, intentando encontrar algún aspecto positivo que justificase el gran esfuerzo que habíamos hecho los cinco por estar ese día en Washington. No solo nunca volvieron a contactar con nosotros para comentar la propuesta de los laboratorios nacionales, sino tampoco para hablar de la creación del Consejo Nacional. Creo que fueron dos oportunidades perdidas para el país.

CASI LO LOGRAMOS EN EL CONGRESO

La falta de conexión con la Casa Blanca no impidió que nos volviésemos a involucrar en las complicadas aguas políticas de Washington. Nuestros éxitos en Colorado y California nos marcaban un rumbo para progresar en Estados Unidos, estado tras estado, ley a ley. Pero, evidentemente, el impacto de nuestros esfuerzos sería mucho más importante si pudiéramos conseguir atracción a nivel federal. Jared es un especialista en esto, ya que ha pasado toda su carrera en Washington D. C. y, por trabajar en un tema como el rescate de prisioneros políticos —que traspasa las líneas partidistas—, ha acumulado un gran Rolodex de contactos por todo el estamento político de la ciudad. Después de la visita fallida a la Casa Blanca de Biden, decidimos poner en nuestro punto de mira un proyecto de ley, llamado el Anteproyecto de Derechos de Privacidad Americano o APRA (American Privacy Rights Act), que la senadora demócrata Cantwell había presentado al Senado junto a la diputada republicana Rogers, las dos portavoces de dos comisiones claves en el Senado y la Cámara de Representantes, representando ambas al estado de Washington, sede de Microsoft, Amazon y muchas otras compañías tecnológicas. A pesar de que hay más de una docena de estados en Estados Unidos que tienen leyes de protección de datos, el país en sí es posiblemente la única nación desarrollada que no tiene una legislación de protección de datos a nivel federal, algo que se refleja en el fuerte poder de los *lobby* industriales y las dificultades que he mencionado antes para alinear todas las estrellas en Washington y conseguir hacer algo. Para poner fin a esta situación, Cantwell y Rogers, en un ejercicio apolítico y bipartidista, propusieron una ley rompedora que definía y regulaba la utilización de datos personales sensibles en Estados Unidos, como la RGPD (GDPR) en Europa. Gracias a los contactos de Jared, nos invitaron a reunirnos con los expertos jurídicos del equipo de Cantwell que escribieron el primer borrador. En junio de 2024, fuimos a Washington, esta vez al Congreso, acompañados de una becaria de la fundación, y en la reunión les propusimos añadir a la lista de datos que contemplaba la APRA la misma definición simple de datos neuronales de Colorado y California, incluyendo tanto el sistema nervioso central como el periférico. La propuesta les pareció lógica y adecuada, por lo que incorporaron los datos neuronales a la APRA. La jugada en este sentido nos salió perfecta, pero cuando nos las dábamos tan felices, las prioridades cambiaron y la APRA se cayó del paquete de leyes que se discutían y votaban en el Congreso. Ahí nos pilló el toro, ya que antes de las elecciones de noviembre de 2024 se acabó el tiempo de la legislatura.

Como pasa con innumerables proyectos de ley, incluso muchos con apoyo bipartidista, la APRA, con su definición de datos neuronales, se quedó en el tintero para el futuro. Es posible que resucite en algún momento, dependiendo de las prioridades políticas del Congreso, aunque no tenemos muchas esperanzas de que ocurra en la segunda legislatura de Trump. Pero los datos neuronales son parte de la APRA, y si cambian los vientos y se discute, serán protegidos a nivel federal, como debería ser.

OTRA VEZ EN LA CASA BLANCA DE BIDEN

Coincidiendo con esta visita al Congreso, Jared consiguió otra reunión en la Casa Blanca con el equipo de Biden del Consejo de Seguridad Nacional y el Departamento de Estado. Habían pasado ya dos años de nuestra última visita, y esta vez ya teníamos a la espalda lo de Colorado y California, con lo que nos recibieron con mucha más cortesía. La reunión incluía a Anne Neuberger, directora de ciberseguridad y amiga personal de Jared, y a Tarun Chhabra, coordinador de seguridad nacional y también amigo de Jared, pues fue su becario al comienzo de su carrera. Con estos dos fieras, inteligentes, informados y directamente conectados con el presidente Biden, estábamos otra vez en casa, por lo que la reunión fue distendida y amigable. Los pusimos al día sobre el avance imparable de la neurotecnología y de la utilización de inteligencia artificial generativa para descodificar la actividad cerebral, tanto en pacientes con dispositivos implantados como en entornos no clínicos con dispositivos portátiles. También les contamos todo lo que habíamos hecho desde la última vez que visitamos la Casa Blanca, y les pedimos apoyo político para mover la APRA, algo con lo que estuvieron totalmente de acuerdo. En la segunda parte de la reunión, llevaron otra vez la conversación a China, y a la posibilidad de la utilización de la neurotecnología como arma o en situaciones de seguridad nacional. Aunque les repetimos que no teníamos ninguna información sospechosa o preocupante, analizamos escenarios hipotéticos sobre qué tipo de descodificación o manipulación podría ocurrir en el futuro. Fue una reunión que les sirvió más a ellos para ponerse las pilas sobre las repercusiones de la neurotecnología en seguridad nacional, que a nosotros con nuestra agenda de neuroprotección.

Pero la representante del Departamento de Estado en la reunión sí se interesó en nuestra propuesta y nos convocó esa misma tarde a otra reunión inmediata con su equipo. A tiro de taxi, a las dos horas nos plantamos en el Departamento de Estado, donde nos reunimos con un grupo de unas diez personas y las pusimos al día sobre neurotecnología, neuroderechos, Colorado, California y APRA. En esa reunión, también muy cordial, nos prometieron apoyo en nuestras actividades en la ONU, nos intercambiamos tarjetas y acabamos el día con la sensación de haber hecho bien los deberes en Washington.

SE INVOLUCRA EL SENADOR SCHUMER

El último capítulo reciente sobre nuestras actividades en Washington ha sido durante la presidencia de Trump y tiene que ver con el senador Chuck Schumer, el líder de la minoría demócrata en el Senado y quizá la persona más importante del Partido Demócrata en la actualidad. Judío de Brooklyn e inmensamente popular en su estado de Nueva York, Schumer siempre ha llevado la bandera de las causas progresistas en la política norteamericana. El equipo de Schumer es grande, y su jefe de Seguridad Nacional resulta que es amigo de Tarun Chhabra, por lo que parece que se había corrido la voz de nuestra propuesta. Recibí un críptico *email* del jefe de mi departamento diciendo que Schumer había contactado con la Universidad de Columbia porque quería hablar conmigo. Después de que la Universidad me diera permiso, contactamos con Schumer y nos reunimos con su grupo de asesores en una videollamada, pero el propio senador no pudo asistir. Se disculparon por ello y nos pidieron que los pusiéramos al día sobre neurotecnología, neuroderechos y todo nuestro trabajo en Estados Unidos y en el exterior. Les contamos nuestra colaboración con la senadora Cantwell y cómo la ley de privacidad se había quedado atascada en la última legislatura; también discutimos la posibilidad de ir por libre con una ley específicamente enfocada a la neurotecnología. A las dos semanas leímos en el periódico que una coalición de tres senadores liderada por Schumer y Cantwell había pedido a la FCC, la Comisión Federal de Comunicaciones (FCC), que preparase un informe sobre los datos neuronales, citando nuestro estudio sobre la falta de regulación de las compañías neurotecnológicas como evidencia de que había un problema. En la petición a la FCC, Schumer y Cantwell mencionaban la compañía Neuralink, de Elon Musk, que fabrica dispositivos médicos implantables para su uso clínico. A pesar de que les avisamos de que los dispositivos médicos estaban adecuadamente protegidos y regulados por las leyes de tecnología médica, metieron a Neuralink en la misma cesta que las compañías que fabrican dispositivos electrónicos de venta al consumidor. Esta inclusión seguramente tenía una motivación política, ya que Musk desempeñaba entonces un papel destacado en la administración de Trump, pero tuvo repercusiones negativas con algunas compañías de tecnología médica, incluidas las nuestras, ya que interpretaron que íbamos a por ellos. Tuve que corregir esta impresión en llamadas posteriores. Pero, aparte de este incidente, la petición del informe de la FCC demuestra el interés del Senado en la regulación de los neurodatos, y esperamos que sea un primer paso para el avance de la causa de los neuroderechos a nivel federal en Estados Unidos.

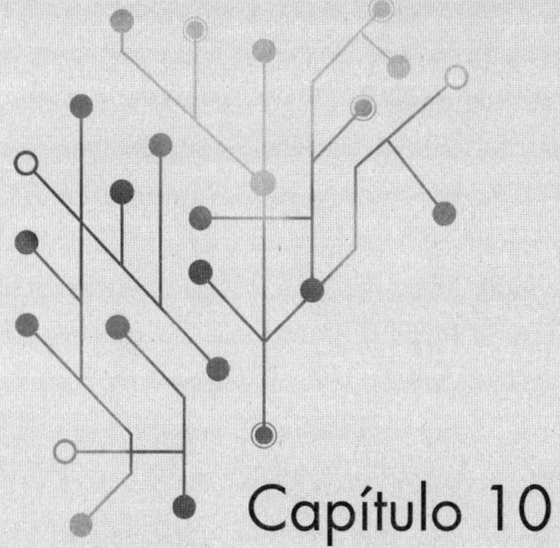

Capítulo 10

En los engranajes de la ONU

CON GUTERRES EL DÍA DEL COVID

Los avances en la regulación regional de la neurotecnología, en estados o incluso en países, son muy importantes; pero se limitan a proteger la actividad cerebral de los ciudadanos de sus territorios. Como se ve constantemente con otras tecnologías, esto lleva a una situación en la que, al cruzar la frontera de un país o una región, se pierden los neuroderechos. Para evitarlo, la mejor solución es una normativa internacional que se aplique a todos los países. Y, para ello, es necesario involucrar a la ONU. Por eso, desde la reunión del grupo de Morningside de 2017, quedó claro que los tratados internacionales de derechos humanos que dependen de la ONU, empezando por la Declaración Universal de 1948, serían un cuerpo legal ideal para acoger la neuroprotección a un nivel global. Con esto en mente, tuve la oportunidad de reunirme en persona con el secretario general de la ONU, António Guterres, gracias a la intercesión de Miguel Ángel Moratinos, exministro de Asuntos Exteriores de España y Alto Representante de las Naciones Unidas para la Alianza de las Civilizaciones, una organización que busca la conciliación de diferencias interculturales e interreligiosas en el mundo, algo más necesario que nunca en estos tiempos que corren. Conocí a Moratinos porque era miembro de un comité de expertos en derechos humanos que visitó mi laboratorio en una reunión organizada por la Fundación Tällberg. En esa visita, les enseñé cómo hacíamos los experimentos con ontogenética holográfica para controlar la percepción y el comportamiento de un ratón. Moratinos se quedó muy impactado y me invitó a una ceremonia de la Alianza en la sede de las Naciones Unidas en Nueva York. Precisamente a esa reunión asistía Guterres, y Miguel Ángel me facilitó una breve reunión con el secretario general, en la que hice lo que los norteamericanos llaman un *elevator pitch* («venta de ascensor», es decir, venderle algo a alguien mientras se va en el mismo ascensor), resumiéndole en pocos minutos toda la problemática de los neuroderechos y la necesidad de que la ONU se involucrase. En perfecto español, me respondió que le interesaba mucho el tema y que le entregara un pequeño dosier para su estudio. Me prometió que lo leería y que me llamaría por teléfono en dos días. Desafortunadamente, la reunión en la ONU ocurrió el 12 de marzo de 2020, y esa misma tarde, a las pocas horas, empezó el confinamiento por COVID en Estados Unidos, lo que desbarajustó los planes de todo el mundo.

CAMBIAMOS EL TÍTULO A NUESTRO ARTÍCULO

Casi un año después, me llamaron de la oficina de Guterres porque quería retomar nuestra conversación inicial. Debido a la pandemia, las dos reuniones siguientes fueron *online*, primero con Guterres y después ya sin él, pero con su equipo, que incluía al austriaco Volker Türk, abogado experto en derechos humanos y que había trabajado con Jared, a quien incorporé a la reunión. En estas reuniones ahondamos en la problemática de la neurotecnología y explicamos cómo las Naciones Unidas eran una pieza clave para garantizar un abordaje global de neuroprotección. De hecho, Jared y yo habíamos escrito un artículo sobre la posibilidad de que la ONU apoyase los neuroderechos, en el que proponíamos un abanico de varias líneas de actuación para la ONU, desde convocar un grupo de estudio o nombrar a un interlocutor (*rapporteur*) especial sobre el tema, enmendar tratados internacionales de derechos humanos, hasta promover una resolución en la Asamblea General y crear el germen de un nuevo tratado internacional, con agencia incluida, como en el caso de la energía atómica. El título original del artículo en inglés acababa con la coletilla «¿Es la hora de la ONU?», pero Guterres se molestó, porque implicaba que poníamos en evidencia a la organización porque no había hecho los deberes. Para evitar fricciones, a última hora cambiamos el título del artículo por «¿Es la hora de los neuroderechos?».

Después de este cambio de título, al equipo de Guterres le gustó mucho el artículo y se comprometieron a mover el tema internamente. De hecho, después de que Guterres fuera reelegido secretario general para un nuevo mandato de cinco años, en un capítulo de su «Agenda Común», un documento que especifica punto por punto todos los objetivos de su nuevo mandato, declara que uno de los objetivos para el futuro de la ONU es poner al día los tratados internacionales de derechos humanos, incorporando protección para tecnologías de frontera, incluida la neurotecnología. Aunque sin entrar en detalles, con esta declaración pública, las Naciones Unidas se comprometían a involucrarse en los neuroderechos.

LA LECCIÓN DE BACHELET

La Organización de las Naciones Unidas es en realidad un ecosistema de distintas organizaciones internacionales e intergubernamentales que operan muchas veces de forma independiente entre sí. Inspirada por el viejo sueño del filósofo alemán Immanuel Kant de crear un gobierno global que haga obsoletas las guerras, surgió precisamente a consecuencia de la devastación generada por la Segunda Guerra Mundial, el 26 de junio de 1945, mediante la firma, por cincuenta países, de la Carta de las Naciones Unidas en San Francisco. Desde su comienzo, el propósito explícito de la ONU es mantener la paz y la seguridad internacionales, desarrollar relaciones amistosas entre los Estados y promover la cooperación internacional. El eje de la ONU es la Asamblea General, con sede en Nueva York y donde están representados actualmente 193 países, pero con el tiempo la ONU ha creado muchas otras estructuras distribuidas por muchos países, incluyendo el Secretariado General, el Consejo de Seguridad, el Tribunal de Justicia, el Consejo Económico y Social, y quince agencias especializadas con multitud de comités. Aunque generalmente estas agencias operan de una manera coordinada, muchas veces la complejidad de este sistema da lugar a parálisis con resultados contraproducentes.

Dentro del abanico de posibilidades que habíamos propuesto para los neuroderechos en la ONU, nuestra idea inicial era que el lugar lógico para liderar y coordinar esfuerzos fuera el Alto Comisionado para los Derechos Humanos, que coordina todas las iniciativas de derechos humanos de la ONU, y que estaba dirigido en aquel momento precisamente por la expresidenta de Chile, Michelle Bachelet. En una de mis visitas a Chile tuve la ocasión de conocerla en una cena que nos ofreció en el Palacio de la Moneda. En una cordial conversación, le comenté en broma que la reciente elección de Donald Trump como presidente de Estados Unidos y su postura abiertamente anticiencia nos llevaría a muchos de los científicos norteamericanos a exiliarnos, buscando trabajo en países más acogedores como Chile. Esperando que se riera con la broma, noté que le cambió la cara y se puso seria. Me respondió, con toda su amabilidad y su cálido acento chileno, que este no era el momento de escapar, sino precisamente de dar batalla. Me dijo que ella había sido torturada en la cárcel, que su padre fue torturado hasta la muerte y que, a pesar de esto, ella nunca tiró la toalla, pues todos tenemos la responsabilidad de continuar la lucha en nuestras comunidades. Con esta apelación a mi responsabilidad, me puso firme en esta inolvidable conversación que muchas veces me viene a la mente cuando me encuentro con obstáculos desesperantes en mi trabajo o en la vida.

EN LA UNESCO

Como conocía a Bachelet, y ella era la alta comisionada de las Naciones Unidas para los Derechos Humanos, nos reunimos por videoconferencia con su mano derecha, una abogada chilena que trabajaba en la ONU en Ginebra, que tomó detallada nota de toda la problemática y nos prometió que nos llamaría. Pero la llamada nunca llegó. Intentamos otra vez llegar a Bachelet a través de dos contactos distintos en Chile, uno profesional y otro personal, pero fueron gestiones infructuosas. A la vez que esto ocurría, su oficina en la ONU estaba liada con un problema político peliagudo, evaluando la situación de derechos humanos en China, pues muchos países de Occidente acusaban a China de abusar de los ciudadanos de origen uigur, en el oeste del país. Bachelet intentó mantener una situación equidistante para que China no se saliese del sistema de las Naciones Unidas, pero a costa de no dejar a nadie contento. Creo que por eso no dio respuesta a nuestros requerimientos. Los neuroderechos se perdieron dentro de la situación geopolítica global.

Después de la falta de compromiso del Alto Comisionado de los Derechos Humanos de la ONU, volvimos a dar la tabarra a la oficina del secretario general, pidiéndole ayuda para involucrar a la ONU. En esta reunión, el equipo de Guterres se decantó por la UNESCO, la Organización de las Naciones Unidas para la Educación, la Ciencia y la Cultura, un organismo con sede en París especializado de las Naciones Unidas que promueve la cooperación internacional en la educación, las artes, las ciencias y la cultura. Entre sus muchas actividades, la UNESCO genera documentos con recomendaciones globales que son después asumidos por los distintos países como guía en sus políticas y legislaciones. La UNESCO se incorporó al tema a través de su oficina de Bioética, especializada en temas de intersección de ética y medicina. Me invitaron a una reunión en su sede de París en el verano de 2023, junto a muchos otros ponentes. Esta reunión volvió a poner en evidencia el consenso unánime de todos los participantes con repetidos llamamientos a abordar el tema desde el punto de vista de derechos humanos. También sirvió para escribir un documento marco de la UNESCO sobre neurotecnología que los países miembros llevan discutiendo y retocando desde entonces y que, cuando salga a la luz, mostrará la implicación de la ONU en la regulación de la neurotecnología, con una declaración de buenas intenciones y una serie de recomendaciones que seguir.

LOS TRATADOS DE DERECHOS HUMANOS DE LA ONU

Las declaraciones de intenciones y recomendaciones éticas, aunque queden muy bien sobre el papel, tienen poco peso porque no son vinculantes, como un ejemplo de *soft law*, y al final del día todo el mundo hace lo que quiere. Por ello, siempre pusimos el norte en los tratados internacionales de derechos humanos. Estos tratados, en mi opinión, son el motor de la ONU y se acercan a la idea de Kant de un gobierno y una legislación universales, ya que han sido firmados por la mayoría de los países del mundo y son vinculantes. Esto significa que, si un tratado se cambia, los países firmantes tienen un período corto de seis meses para poner en regla todas sus leyes y normativas internas para que concuerden con el tratado. Por eso, estos tratados son el paradigma del derecho internacional, y en principio no son solo «leyes duras», sino de alcance global. El primer tratado fue la Declaración Universal de los Derechos Humanos (DUDH), una joya de documento que se firmó en 1948, gracias al empuje de Eleanor Roosevelt y del diplomático vasco-francés René Cassin, entre otros, y que resume en treinta artículos cortos el abanico de derechos que tienen todas las personas del mundo por el hecho de haber nacido, y que describe, mejor que ningún otro documento, la esencia del ser humano. Con el tiempo, la DUDH dio lugar a una serie de tratados sobre temas específicos de los que ya hemos hablado antes. Aunque no todos los países han ratificado todos los tratados, en general la mayoría tiene un gran respaldo internacional. Cada uno de estos tratados está supervisado por un comité específico, que se reúne varias veces al año en la sede de la ONU de Ginebra, donde los representantes de los países examinan cuidadosamente posibles infracciones del tratado y lo actualizan, poniéndolo al día con añadidos jurídicos, «comentarios generales» u «opiniones especiales», en los que se discuten nuevos problemas y se llega a un consenso. Aunque Jared desde el comienzo nos animó a considerarlos como nuestro objetivo principal y se nos tachó de ingenuos, no es utópico pensar que se pueden cambiar los tratados de derechos humanos. ¿Si la sociedad cambia, por qué no van a cambiar también los derechos humanos?

BAJO EL TECHO DE BARCELÓ

La primera invitación a visitar la sede de la ONU en Ginebra, donde se cuecen los tratados internacionales de derechos humanos, vino de Miguel Ángel Moratinos para hablar en la reunión anual de la Alianza de las Civilizaciones. Siempre pendiente y apoyando nuestro trabajo en neuroderechos, Moratinos me pidió que participase en un panel que se enfocó en tecnologías emergentes, junto a Amandeep Singh Gill, enviado especial del secretario general de Naciones Unidas para la tecnología, esencialmente la persona número uno en el sistema de la ONU para IA. La conversación y el debate fueron completamente sinérgicos, con la conclusión de la necesidad de incluir la neurotecnología en las tecnologías en las que se debe implicar la ONU. Pero, para mí, lo más impactante fue visitar la sede de Ginebra de la ONU, entrar en el campus por la hilera de banderas y, sobre todo, estar en la sala del Consejo de Derechos Humanos, la famosa sala XX, bajo un impresionante techo de casi mil metros cuadrados pintado por el artista mallorquín Miquel Barceló. Esa obra, una auténtica Capilla Sixtina del siglo XXI, fue financiada por un consorcio español con contribuciones públicas y privadas e inaugurada por los reyes y el presidente del gobierno de España y el secretario general de la ONU en 2008. Me siento profundamente orgulloso de que mi país haya contribuido, con su talento, financiación y apoyo político, a crear el espacio principal para la protección de los derechos humanos en el mundo.

Esta reunión bajo el techo de Barceló también sirvió para hacer buenas migas con Amandeep, a quien visité con Jared Genser a los pocos meses en su despacho en la sede neoyorquina de la ONU. En esta reunión privada con él y su equipo, Amandeep nos animó a explorar la posibilidad de proponer una resolución, incluso una decisión sobre neurotecnología en la Asamblea General de la ONU, algo para lo cual necesitamos recabar apoyo diplomático de varios gobiernos que representen distintos continentes. A pesar de que no sería una ley vinculante, una resolución así tendría muchísima importancia global para promover los neuroderechos, y sigue siendo uno de nuestros objetivos. Pero a pesar de contar con el apoyo verbal de diplomáticos de Chile, España y Singapur, nos vimos francamente desbordados con nuestra pequeña fundación para orquestar un esfuerzo diplomático tan serio. Como he experimentado muchas veces, para promover una agenda importante, la mejor estrategia es convencer a una persona o una organización, por ejemplo, como ocurrió con el presidente Obama con la Iniciativa BRAIN, para que la asuma como propia y la promueva desde arriba.

OTRA VEZ BAJO EL MISMO TECHO

Al poco de estar en la sede de la ONU de Ginebra, me llegó otra invitación para volver. Esta vez tenía que ver con el Human Rights Council (Consejo de Derechos Humanos), un órgano de las Naciones Unidas cuya misión es promover y proteger los derechos humanos en todo el mundo, y que tiene cuarenta y siete miembros elegidos por períodos escalonados de tres años sobre la base de grupos regionales. Este Consejo es diferente del Comité de Derechos Humanos, un órgano creado en virtud de tratados que supervisa la aplicación del Pacto Internacional de Derechos Civiles y Políticos (ICCPR), que es, sin duda, el tratado más importante de derechos humanos del mundo, que regula, entre otras cosas, la libertad de pensamiento y expresión, y ha sido firmado por 174 países. Confieso que tardé en enterarme de la diferencia entre el Comité de Derechos Humanos y el Consejo de Derechos Humanos, sobre todo porque trabajan además en concierto y, para más inri, tienen las mismas iniciales. Pero volviendo a mi invitación, el Comité Asesor del Consejo de Derechos Humanos está compuesto por dieciocho expertos independientes que ejercen a título personal y son elegidos por el Consejo. Precisamente uno de ellos era la jurista española Milena Costas. Milena había seguido por la prensa y publicaciones nuestro trabajo en neuroderechos y, después de una serie de reuniones por Zoom, organizó una reunión presencial con un panel de académicos que trabajaban en neuroética. Esta reunión, que ocurrió otra vez en la sala XX, bajo el techo de Barceló, fue atendida por representantes diplomáticos de todo el mundo. En el panel se escucharon algunas opiniones variopintas cuyo objetivo era atraer la atención del público, desde argumentos que decían que no hacían falta nuevos derechos humanos, pasando por argumentos de que el cerebro no es el único sustrato de la actividad cognitiva, a argumentos de que había que derogar la libertad de pensamiento. Mordiéndome la lengua por no caer en un debate inútil con mis colegas académicos, expuse la opinión de nuestra fundación, basada en los rápidos avances de la neurotecnología, de que es urgente codificar el derecho a la privacidad mental tanto a nivel internacional como nacional. Específicamente, recomendamos una enmienda a la Observación General n.º 16 de ICCPR, para que interprete más detalladamente su artículo 17(1), que dice que «nadie será objeto de injerencias arbitrarias o ilegales en su vida privada...». La Observación General n.º 16 se centra en la privacidad como una preocupación genérica y plantea preocupaciones especiales sobre la necesidad de prohibir la vigilancia electrónica o de otro tipo. Nuestra propuesta, diseñada jurídicamente por Jared, era ampliarla para incluir el derecho a la privacidad mental, clarificando el lenguaje del tratado y, si fuera aprobada, convertirla en jurídicamente vinculante.

Después de muchas discusiones internas, en su informe posterior al Consejo de Derechos Humanos, Milena y su comité asesor incorporaron la idea de una enmienda a la observación general, y estas recomendaciones fueron aprobadas en una resolución, creo que también por unanimidad. Por el lento engranaje de la ONU, todavía falta tiempo para que esto se resuelva, pero el camino que culminaría en una protección global de la privacidad mental, aunque largo y complicado, tiene apoyo y está ya en marcha.

PROTECCIÓN CONTRA LA TORTURA NEUROTECNOLÓGICA

El Comité Contra la Tortura (CAT) de la ONU es un órgano compuesto por diez expertos independientes que supervisa la aplicación de la Convención contra la Tortura y otros Tratos o Penas crueles, Inhumanos o Degradantes, adoptada por la Asamblea General de la ONU en 1984 y firmada por 175 países. Este comité está continuamente interviniendo en casos en los cinco continentes, desafortunadamente, como en Guantánamo, los Balcanes, Siria, Myanmar o Venezuela. En estos casos, ciudadanos individuales pueden denunciar a sus estados y pocos países se libran de la mancha. El CAT está dirigido desde 2020 por el diplomático mexicano Claude Heller, una de las personas más interesantes con las que me he cruzado en nuestro trabajo en neuroderechos. Con una carrera singular, pues ha sido embajador de México en varios países, en la OEA, la OCDE y dos veces presidente del Consejo de Seguridad de la ONU, ha invertido toda su carrera en la defensa de los derechos humanos. Claude descubrió la existencia de los neuroderechos por la prensa en español y contactó con nosotros para que informáramos al comité.

Con este comité, Jared jugaba en casa, ya que su trabajo profesional consiste precisamente en rescatar prisioneros políticos y el Tratado en Contra de la Tortura tiene aplicación directa. En su presentación, Jared hizo un análisis comparativo del tratado con respecto a los neuroderechos, y concluyó que el artículo 1.2; el 4.16 y el 19 deberían ser mejorados con opiniones especiales para extender la protección de los ciudadanos a nuevos posibles instrumentos de tortura basados en neurotecnología. Claude y sus asesores coincidieron en general con la idea y apoyaron la recomendación, pero también nos dijeron que el CAT funciona muchas veces de una manera reactiva más que proactiva. Esto significa que, en vez de preocuparse de prevenir males futuros, están siempre desbordados por los acontecimientos y las tragedias humanas, y por ello se intervienen normalmente en cuanto hay una denuncia concreta. Pero hoy en día todavía no hay un caso demostrado de tortura o daño causado por el uso malicioso de la neurotecnología, con la posible excepción del Síndrome de la Habana, que posiblemente haya sido causado por daño acústico en las neuronas del oído medio, aunque sin claridad diagnóstica todavía. Por ello, el CAT nos recomendó que estemos ojo avizor para avisarles en el momento en que aparezca un caso jurídicamente sólido, para intervenir directamente. Aunque el mundo no es perfecto, y algunos de los países firmantes no obedecen a veces las resoluciones del Comité en contra de la Tortura, me da seguridad saber que gente de la categoría de Claude Heller dedica su vida a velar continuamente por todos nosotros.

CON EL COMITÉ DE COMITÉS

Nuestras actividades en la ONU llegaron a los oídos del comité que coordina todos los comités de derechos humanos de la ONU. Por otra de las casualidades de la vida, este comité de comités estaba presidido por Edgar Corzo Sosa, jurista y profesor de la Universidad Autónoma de México. Edgar había seguido el debate sobre los neuroderechos en México y, por su propio pie, decidió que era un problema que debía ser tratado y discutido por el comité de comités. Aunque no pude asistir a su reunión en persona en la sede de la ONU en Nueva York, pues en esa fecha estaba fuera de la ciudad precisamente en mi viaje de aniversario de boda, mandé un vídeo explicativo sobre neurotecnología y neuroderechos. Me reuní con Edgar antes y después de la reunión, y parece que el mensaje caló entre los distintos presidentes de los comités, entre los que se encontraban Claude Heller y la presidenta del Comité de Derechos Humanos, que ya conocían el tema y nos apoyaron. De esta manera, gracias al esfuerzo desinteresado de Edgar, otro compañero de camino, nuestras ideas llegaron al corazón del complejo engranaje de los derechos humanos en el mundo.

RAPAPOLVO EN OTRO COMITÉ

Una de las personas que formaba parte del comité de comités era la profesora jamaicana Verene Shepherd, presidenta del Comité para la Eliminación de la Discriminación Racial (CERD). Verene nos pidió a Jared y a mí que hablásemos como invitados especiales de última hora en la siguiente reunión del CERD en Ginebra. Por la premura de los tiempos, tuvimos que participar por videoconferencia en la que fue nuestra tercera comparecencia delante de un comité de derechos humanos de la ONU. Tras nuestra intervención se abrió un turno de preguntas y recibimos un aluvión de críticas, sobre todo planteadas por representantes de los países africanos. Esencialmente la pregunta era la misma, sobre nuestro cuarto neuroderecho, el acceso equitativo a la neuroaumentación y lo poco que habíamos hecho por promoverlo. Resulta que este comité está dolorosamente al tanto de todo tipo de sesgos y discriminaciones raciales, exacerbados con el uso de las nuevas tecnologías, y con la neuroaumentación veían que volverían a pagar el pato los países africanos y el sur global. Aunque la mejora cognitiva de los seres humanos nos parece un problema más a medio o a largo plazo, puede ser muy importante para el futuro de la humanidad. Las preguntas nos pillaron un poco desprevenidos, ya que nuestro enfoque siempre ha sido en el problema inmediato de la privacidad mental, tendiendo a posponer el problema de la neuroaumentación hacia el futuro. Pero nos vino muy bien para empezar a centrarnos en este tema del acceso equitativo a la neurotecnología.

EVITAR LA DISCRIMINACIÓN POR NEUROTECNOLOGÍA

Así, organizamos un simposio internacional *online* sobre el tema, juntando a expertos en neurotecnología clínica, de mercado, en seguridad nacional y en derechos humanos internacionales. Tuvimos la suerte de que aceptara hablar la abogada coreana Miyeon Kim, presidenta del Comité sobre los Derechos de las Personas con Discapacidad. En su charla, Kim se involucró a fondo en la defensa del acceso equitativo a la neurotecnología de aumentación, nuestro cuarto neuroderecho, y propuso como línea de acción extender la interpretación del artículo 12 de la Convención Internacional, con un comentario general o una opinión especial, algo que ella veía factible. Ella también compartió la experiencia negativa que tuvieron en el pasado con el tratamiento de enfermedades cerebrales como la esquizofrenia, que acabó desembocando en una marginalización más extensa. Nos previno para que evitáramos una situación parecida, de manera que la utilización de neurotecnologías de aumentación sirva para incorporar a la sociedad a las personas discapacitadas de una manera plena, sin estigmas asociados. La reunión sobre neuroaumentación fue fascinante, porque nos demostró que el futuro está ya aquí, y que no solamente será factible, sino inevitable, que los seres humanos incrementen sus habilidades mentales y cognitivas con neurotecnología, tanto portátil como implantable.

REGULAR LA NEUROTECNOLOGÍA JUDICIAL

Nuestra última colaboración con el ecosistema de la ONU fue precisamente con la Oficina del Alto Comisionado de las Naciones Unidas para los Derechos Humanos (OHCHR). Esta oficina, creada por la Asamblea General de las Naciones Unidas en 1993, depende del secretario general y coordina todas las distintas partes de la ONU para promover y proteger los derechos humanos garantizados por los tratados y estipulados en la Declaración Universal de Derechos Humanos de 1948. La oficina está dirigida por el alto comisionado para los derechos humanos, nuestro amigo el austriaco Volker Türk, que sucedió a la chilena Michelle Bachelet en 2022. Es una oficina enorme, con aproximadamente 1.300 empleados, con sedes en Ginebra y Nueva York y entre sus actividades más importantes sirve de Secretariado al poderoso Comité de Derechos Humanos, del que ya hemos hablado, que sanciona a distintos países cuando ocurren infracciones de derechos humanos. El grupo de expertos de la OHCHR con sede en Ginebra ha seguido todas nuestras actividades, y Kate Fox, de la sección de Estado de Derecho, se interesó por las neurotecnologías desde otro punto de vista completamente nuevo: la administración de justicia. Resulta que las tecnologías digitales se están incorporando en los sistemas de justicia penal, incluyendo las fases previas al juicio, durante los juicios y después de las condenas. Este hecho de por sí puede ser positivo, ya que dota a las fuerzas del orden, la justicia penal y otras instituciones de nuevas herramientas contra la delincuencia, los crímenes y los abusos, pero tiene también el riesgo de abrir la posibilidad del uso indebido y el abuso de estas tecnologías, algo que es necesario prevenir. Es posible que la capacidad de descodificar la actividad mental pueda ser utilizada en casos penales; por ello, la OHCHR contactó con nosotros para preparar una resolución, que finalmente fue aprobada. Aunque es una recomendación no vinculante, está aprobada por la Asamblea General de la ONU y marca el camino que hay que seguir para asegurarse de que en el futuro la neurotecnología se utilice de una manera ética en todo el proceso judicial.

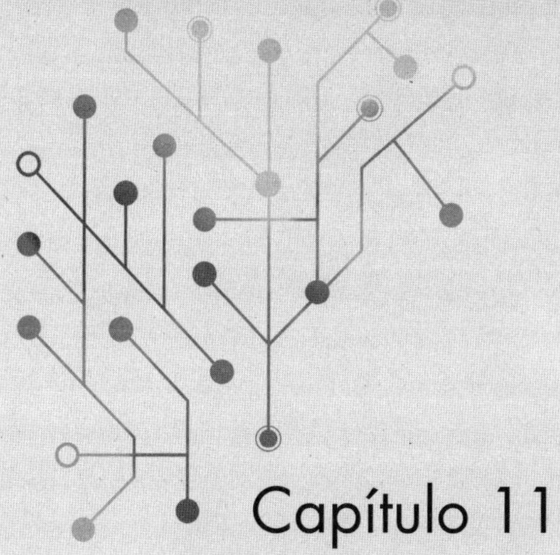

Capítulo 11

En España, de vuelta a casa

EN EL CONSEJO DE LA SEDIA

En mitad de todas las actividades que había desplegado por todo el mundo en favor de los neuroderechos, me llegó un *email* de España. La recién creada Secretaría de Estado de Inteligencia Artificial (SEDIA), dependiente del Ministerio de Economía de la vicepresidenta del Gobierno Nadia Calviño, acababa de crear un consejo asesor de Ética y Gobernanza y me invitaban a unirme para que contribuyera con nuestras ideas. Carme Artigas, una empresaria de tecnología con formación como científica y muchas tablas en el mundo privado, dirigía la SEDIA, que tenía como objetivo que España se incorporase a la revolución digital, no solo para la digitalización de la administración, mejorando su eficiencia, sino sobre todo para el lanzamiento de una serie de iniciativas muy creativas para la promoción empresarial y académica. La ambición era poner a España a la cabeza de Europa en IA, y parte de la ecuación consistía en liderar también la regulación y los aspectos éticos de esta tecnología tan potente. Como nuestra propuesta original del grupo de Morningside extendía los neuroderechos a la IA, la SEDIA consideraba que la neurotecnología era parte de las tecnologías allegadas a la inteligencia artificial que debían ser consideradas dentro de sus objetivos. El consejo se reunió de manera virtual, por la pandemia, y participamos una docena de investigadores y expertos, con una amplia representación de científicos españoles que trabajábamos en el exterior. Allí me di cuenta del alcance de la diáspora de los científicos e ingenieros españoles, porque éramos numerosos y procedíamos de los mejores centros del mundo. Las discusiones fueron bastante sustanciosas, y el denominador común era cómo poder traer a nuestro país las ideas e iniciativas con las que estábamos trabajando. En mi caso, el objetivo era simple: promover una agenda de neuroderechos del mismo modo a como lo estábamos haciendo en Iberoamérica, Estados Unidos o la ONU. Yo estaba muy motivado por hacer algo en España: si me desvivía por defender los neuroderechos en otros sitios, cómo no iba a hacerlo en mi propio país.

LA CARTA DE DERECHOS DIGITALES

Uno de los objetivos centrales de la SEDIA era promover los derechos digitales, una serie de reglas de protección de derechos humanos, pero que protejan a la ciudadanía en el mundo digital. Creo que es una idea rompedora, ya que nos estamos trasladando a gran velocidad a un tipo de vida en el que pasamos gran parte de nuestro tiempo en un entorno digital, bien en internet, chats telefónicos, redes sociales o el metaverso, y esto va en aumento, sobre todo entre las nuevas generaciones. Puesto que la humanidad ha conseguido, con mucho esfuerzo, desarrollar unas reglas universales de conducta y de protección a los derechos humanos de las personas en el mundo físico, parece importante realizar un mismo esfuerzo en el mundo digital, ya que tiene unas características nuevas que requieren un tratamiento distinto. Por ello, gran parte del trabajo del Consejo Asesor de la IA fue la creación y discusión de una Carta de Derechos Digitales, una declaración de intenciones y de directrices que desglosen el tema y que pueda ser utilizada en un futuro para promover una nueva legislación. Trabajamos en esta carta, y yo me ocupé de incluir un capítulo sobre los neuroderechos, siguiendo a pies juntillas las recomendaciones de Tomás de la Quadra, experto jurista y expresidente del Consejo de Estado, catedrático de Derecho Administrativo y con gran experiencia en la administración española, pues fue ministro de Justicia y de Administración Territorial. Tomás entendió perfectamente la problemática y desarrollamos un capítulo que incluía los cinco neuroderechos de manera directa y detallada, encajándolos en el sistema jurídico español y europeo. Esta carta fue promulgada en 2021 y, aunque no es una ley vinculante, constituye una sólida base intelectual para articular futuras leyes y jurisprudencia no solo sobre los neuroderechos, sino también sobre todo el nuevo mundo que nos espera. Se han desarrollado ideas semejantes en otros países, pero creo que la Carta de Derechos Digitales española no solo es pionera, sino también de largo alcance en la protección de la ciudadanía, y podría ser utilizada por la ONU como ejemplo. Ante el crispado panorama político de nuestro país, es algo que debería hacernos sentir orgullosos a todos los españoles.

LA DECLARACIÓN DE VALENCIA

Independientemente de la SEDIA, el Consejo Valenciano de Cultura estaba muy interesado de manera paralela en los neuroderechos. Esta es una organización muy original, formada por personas independientes con amplias trayectorias profesionales en el ámbito de la cultura, que constituyen un organismo consultivo y asesor de la Generalitat Valenciana en materia de ciencia, educación y cultura en general. Este consejo, otro ejemplo de la vibrante escena político-cultural española y de la fuerza de la sociedad civil, contactó conmigo con la idea de promover una declaración de recomendaciones sobre el desarrollo ético de la neurotecnología, con el apoyo de la Generalitat. Aprovechando un viaje a España, fui a Valencia, acompañado de dos colegas valencianos que trabajaban en Estados Unidos, Álvaro Pascual-Leone, neurólogo de la Universidad de Harvard y líder mundial en la estimulación magnética, y José Carmena, ingeniero de la Universidad de Berkeley y líder mundial también en la investigación sobre interfaces cerebro-máquina. Escoltado por estas dos primeras figuras, presenté nuestras ideas ante el consejo en la sala de un palacio en el centro histórico de Valencia, en un auditorio lleno de representantes políticos transversales y de la sociedad civil valenciana, y apoyé la declaración del consejo, que promueve los cinco neuroderechos y su inclusión en la Declaración Universal de Derechos Humanos. Con otro ejemplo demostrado de unanimidad, la declaración fue aprobada y firmada por todos los allí presentes y, aunque esta declaración no sea legalmente vinculante, Valencia se convirtió en el primer territorio de España en promover abiertamente los neuroderechos.

LA DECLARACIÓN DE LEÓN

La carta de derechos digitales de la SEDIA tuvo una consecuencia significativa y contribuyó a que España liderase el movimiento en Europa en favor de la regulación de la neurotecnología. Aprovechando la presidencia del Consejo de la Unión Europea en 2023, la vicepresidenta Calviño, que era a la vez ministra de Asuntos Económicos y Transformación Digital, impulsó la iniciativa de Carme Artigas de realizar una declaración europea conjunta para promover la colaboración público-privada para el desarrollo de neurotecnologías ciberseguras, que a la vez protegiesen los derechos humanos. Esta declaración, que fue generada por la SEDIA, pero a la que contribuí con comentarios, fue aprobada por treinta ministros de Telecomunicaciones o Digitalización de todo el continente, sin ninguna oposición. Aunque es otro caso de «ley blanda», no vinculante, dio como resultado una foto emblemática de los representantes de treinta gobiernos europeos, unidos en el esfuerzo común no solo de promover la neurotecnología, sino de hacerlo de una manera humanística. El hecho de que un continente entero se alinee en favor de los neuroderechos es algo sin parangón en el mundo y puede representar un cambio de rumbo en la vieja Europa con respecto a las nuevas tecnologías: en vez de verlas venir e incorporarse tarde y mal a las revoluciones que llegan de Silicon Valley, Europa se compromete a liderar en esta nueva oleada que puede transformar profundamente el mundo.

EN UN ALTILLO DE ERANDIO

Además de la Carta de Derechos Digitales y las declaraciones de Valencia y de León, otra ocasión en la que España lideró la iniciativa en neuroderechos tiene que ver con una pequeña compañía de inteligencia artificial llamada Sherpa, creada en el País Vasco por Xabi Uribe-Etxebarria, un creativo emprendedor que ha colocado su compañía en la vanguardia mundial del tratamiento seguro de datos. Xabi me invitó a conocer su empresa, que ocupaba el espacio de un altillo de una fábrica de máquinas para pintar trenes que su padre tiene en el municipio de Erandio, en la ría de Bilbao. El espíritu emprendedor del País Vasco es admirable: distintas generaciones se van pasando la antorcha a la hora de impulsar nuevas compañías e industrias. Así, subiendo las escaleras de una industria tan tradicional como el transporte ferroviario, que nació a comienzos del siglo XIX, aparecí en mitad del siglo XXI en medio de un grupo de unos cincuenta jóvenes ingenieros informáticos que trabajaban entre un mar de mesas y ordenadores, que hablaban inglés, manejaban pizarras llenas de ecuaciones y programaban para el tratamiento de datos. Sherpa está especializada en aprendizaje federado, que es un método de computación que asegura que los datos del consumidor no salgan nunca del dispositivo, pero permite a su vez que las compañías tecnológicas los puedan analizar y utilizar para mejorar sus algoritmos. Esta técnica fue desarrollada por el equipo de inteligencia artificial de Google en Seattle, precisamente bajo la dirección de Blaise Agüera i Arcas, el tercer firmante del artículo de *Nature* del grupo de Morningside y de familia de origen catalán. Dicha técnica está basada en la extracción de «metainformación» sobre los datos, que es lo verdaderamente útil para las compañías tecnológicas. El aprendizaje federado, junto con el cifrado homomórfico avanzado o las técnicas de *blockchain* de registro digital compartido, puede contribuir a minimizar los riesgos de la privacidad mental, al facilitar la protección y el registro de datos neuronales en una red descentralizada. Esos abordajes representan soluciones técnicas al problema de la privacidad mental, sobre todo si se utilizan en combinación, y nos interesa mucho promoverlos para que sirvan de estándares de la industria neurotecnológica. Si la industria tomase medidas para garantizar la protección de los datos neuronales de una manera segura, tendríamos más de la mitad del camino andado para defender los neuroderechos.

ADOPTANDO EL JURAMENTO TECNOCRÁTICO

La visita a la compañía de Xabi, aparte de impresionarme por los avances realizados, así como por la calidad y el número de empleados, tuvo el efecto de estimular el juramento tecnocrático e impulsar su adopción. Este juramento es una idea que surgió en las discusiones sobre el modelo médico que, como he comentado, consiste en tratar toda la neurotecnología, tanto clínica como de mercado, como si fuera tecnología médica, para regularla según los códigos sanitarios y protegiendo los datos obtenidos como datos personales médicos. Los códigos sanitarios actúan de forma descendente: es decir, están basados en leyes, aprobadas en los parlamentos y promulgadas por los gobiernos, que especifican toda una estructura administrativa y judicial para asegurar que se cumplan en todos los hospitales y por todos los médicos y personal sanitario del país. Pero, además de esta regulación, en medicina existe también un impulso ético incluso más potente que viene de abajo, de los propios médicos: es lo que se conoce como el juramento hipocrático, del que ya hemos hablado antes y que forma la base de la deontología médica desde hace más de dos mil años. Se trata de una promesa realizada a título individual por todos y cada uno de los médicos antes de ejercer su carrera, independiente de los países, sistemas políticos y regulaciones, asegurando que los principios de beneficencia, justicia y dignidad permeen toda la medicina. La idea del juramento tecnocrático es aplicar a la neurotecnología, o la tecnología en general, la misma receta que ha funcionado tan bien en la medicina. Exploramos esta idea con Xabi y un grupo de médicos y juristas de la Universidad Católica de Santiago, en Chile, y escribimos un artículo en el que propusimos un juramento para la industria tecnológica, con la promesa de actuar con beneficencia, justicia, dignidad y transparencia en todas sus actividades. Como programa piloto, Sherpa, la empresa de Xabi, lo adoptó como una promesa voluntaria para sus empleados. Así, una compañía de Erandio se convirtió en la primera en promover este juramento internamente. Desde entonces, ha habido mucho interés en la adopción del juramento tecnocrático en compañías más grandes, como IBM, la Facultad de Ingeniería de la Universidad Católica de Santiago y en laboratorios de investigación en Chile.

DE REGRESO AL COLEGIO DEL BARRIO

El impacto mediático que tuvo en España la aprobación de la enmienda constitucional chilena y nuestras actividades en otros países desembocó en numerosas invitaciones para hablar o participar en paneles sobre neuroderechos por todo el país. Haciendo cuentas, en los últimos años he dado docenas de conferencias y he participado en otros eventos en Madrid, el País Vasco, Cataluña, Galicia, Canarias, Baleares, Asturias, Navarra, Aragón, Andalucía y Cantabria. Todas las veces, sin excepción, me he encontrado un público entusiasta y deseoso de luchar por la defensa de los neuroderechos. Esto ha dado lugar a reuniones con muchas organizaciones de la sociedad civil, incluyendo, entre otras, fundaciones como la Ramón Areces, BBVA, La Caixa, Zeballos, Tatiana, Hermes, Garrigues, Caja Canarias y organizaciones públicas como universidades de varias autonomías, la Agencia Española de

Medicamentos, la Agencia Española de Protección de Datos, y representantes de varios ministerios, incluidos Economía, Ciencia, Industria, Defensa y Digitalización, así como gobiernos autonómicos como el de Madrid, el País Vasco, Valencia, Cantabria y Canarias. Se puede decir que España entera ha resonado en sintonía con la idea de proteger la actividad cerebral y ha desencadenado numerosas iniciativas. No pasa una semana que no recibamos un *email* de España con una invitación para participar en un evento o con la intención de ayudarnos en el tema, algo que confieso nos desborda a menudo, ya que no podemos atender a todas las invitaciones. Esto incluye comunicaciones de mucha gente joven, desde estudiantes posdoctorales de laboratorios científicos, residentes en hospitales, a estudiantes de grado de distintas carreras, incluso estudiantes de bachillerato de colegios públicos o privados. De hecho, una de las actividades que he realizado y que me ha llegado al alma ha sido dar una charla a los estudiantes de la ESO del colegio Decroly, donde yo estudié, en el barrio de Argüelles. Regresé al mismo edificio donde estudié, cuarenta y cuatro años más tarde, fui recibido por el director y los profesores y, en el mismo salón de actos donde había participado en obras de teatro y conciertos de coro, donde veíamos películas educativas y se realizaban los exámenes importantes. Allí me reuní con más de un centenar de chicos y chicas que, con los ojos como platos, escucharon cómo les hablaba de mi vida y de mi trabajo, respondiendo a todo tipo de preguntas sobre el misterio del cerebro y la investigación científica. Brenner decía que su vida tenía sentido si, al hablar a un adolescente de la ciencia, notaba un brillo especial en sus ojos. En aquella charla en el colegio Decroly noté más de un brillo de los ojos, y sentí que pasaba una antorcha invisible a más de un estudiante, la misma que me había pasado Brenner a mí muchos años atrás. Esta conversación con los estudiantes, simple, directa, sin que los profesores presentes intervinieran, sin tapujos y sin ceremonias ni ágapes, compartiendo con ellos mis décadas de experiencia en el mismo sitio del que yo había salido, ha sido una de las cosas más memorables de mi carrera, tanto como entrar en la Casa Blanca para discutir el futuro de la neurociencia.

EN EL CONGRESO DE LOS DIPUTADOS

De entre las invitaciones que recibí de España, destacó por su importancia la del Congreso de los Diputados, la Cámara Baja de las Cortes Generales, los representantes directos del pueblo español. El Congreso había creado hacía poco la Oficina de Ciencia y Tecnología del Congreso de los Diputados, la llamada Oficina C (con *c* de ciencia), cuyo objetivo es informar y proporcionar apoyo a los diputados sobre todo tipo de cuestiones relacionadas con la ciencia, la medicina y la tecnología. Esta oficina, coordinada por Ana Elorza, una científica con quien había tenido relación profesional en Estados Unidos, escogió la neurotecnología como uno de los temas para debatir y organizó una sesión de información en el mismo palacio de las Cortes de Madrid, a la que me invitaron junto a otros compañeros y compañeras. Después de una proyección a sus señorías de la película de Herzog, que ayudé a organizar, los neurobiólogos nos reunimos con un grupo de diputados en una sala para discutir el tema y responder a todo tipo de preguntas. En este panel, las preguntas e intervenciones de los diputados demostraron gran preocupación por el tema de los neuroderechos y unanimidad de todos los partidos políticos representados. De hecho, no pudimos averiguar de qué partido procedían, y tuve la sensación de estar hablando directamente con personas individuales, con sus preocupaciones y vivencias, no con representantes políticos. Al final de la sesión de preguntas, continuamos la conversación en los famosos pasillos del Congreso, con la idea de que la Comisión de Sanidad podría llevar la voz cantante en la creación de un anteproyecto de ley de neuroprotección para, con el apoyo de todos los partidos, discutirlo en comisión y después votarlo en el pleno. Aunque ya existe legislación en otras partes del mundo, no sucede así en la vieja Europa, por lo que si saliera adelante este anteproyecto de ley, España se podría colocar en posición de liderazgo europeo en la regulación de neurotecnología.

EN EL PALACIO DEL SENADO

A los pocos meses de la invitación del Congreso de los Diputados, me llegó otra del Senado, la Cámara Alta de las Cortes Generales, con una representación territorial equitativa de provincias españolas. La invitación vino de Javier Márquez, senador por Jaén y portavoz de la Comisión de Transformación Digital y de Transición Ecológica, que estaba muy interesado en las repercusiones en el derecho laboral de las neurotecnologías de aumentación. Javier, junto con el senador por Madrid Enrique Ruiz Escudero, me invitaba a presentar una ponencia en la Comisión de Transformación Digital, seguida de un turno de intervenciones de los distintos grupos políticos. Después de mi presentación, las intervenciones de los distintos grupos políticos demostraron nuevamente la misma unanimidad de criterio y opinión a favor de los neuroderechos que me he encontrado en todo el mundo. Por las preguntas de los senadores era imposible distinguir a qué grupo político pertenecían, salvo los dos senadores de Bildu y el PNV, que se delataron al dirigirse a mí en euskera, lengua que siempre me ha fascinado, que he estudiado y domino poco a poco. La reunión acabó con el apoyo de la comisión a los neuroderechos y la propuesta de trabajar en otro anteproyecto de ley como en el caso del Congreso de los Diputados, quizás más enfocado a la aumentación mental y sus consecuencias sociales y laborales. Con mi visita al Senado, puedo dar testimonio de que todos los representantes de la ciudadanía española con los que he interactuado, tanto diputados como senadores, y de todo el espectro político, han demostrado un espíritu unánime de apoyo a los neuroderechos y a futuros esfuerzos legislativos por protegerlos.

CANTABRIA SE PONE A LA CABEZA

La última noticia importante con respecto a los neuroderechos en España tiene que ver con Cantabria. Mientras esperábamos un esfuerzo legislativo a nivel nacional, tanto por el Congreso como por el Senado, el Gobierno de Cantabria presentó en el Parlamento regional un anteproyecto de ley de Salud Digital, una ley marco que sirve de normativa para el conjunto de la salud digital, algo importante en un momento en que los servicios de salud se están digitalizando, la telemedicina se extiende y comienza un aluvión de datos sanitarios. En este anteproyecto, el artículo 29 trata de la protección de los neuroderechos y los neurodatos, definiendo jurídicamente estos términos y extendiendo a los datos neuronales la misma protección que los datos sanitarios. Aunque el anteproyecto necesita todavía ser discutido en comisión y votado por el Parlamento cántabro, se espera también el apoyo de todos los grupos políticos. Así que, incluso antes de que se publique este libro, Cantabria se podría poner, de una manera ejemplar, a la cabeza de Europa en la protección de la actividad cerebral de sus ciudadanos.

PERDIDO PARA LA CAUSA

Cuando salí de España en agosto de 1987 para hacer la tesis doctoral en la Universidad Rockefeller en Nueva York, mi idea era formarme en el exterior para después volver a casa a trabajar con lo que había aprendido. Sin embargo, treinta y ocho años más tarde, sigo trabajando en Nueva York, donde he podido realizar una carrera profesional sin que nadie me preguntase de dónde venía y me echara en cara que, como emigrante, le estuviera quitando el pan a un estadounidense. A pesar de las últimas veleidades de la política norteamericana, acoger al de fuera está inscrito en el ADN de Estados Unidos, un país forjado por generaciones de emigrantes de todo el mundo. Desde aquel sofocante día de agosto en que puse un pie en Nueva York, sentí los brazos abiertos de la sociedad norteamericana. A diferencia de Inglaterra, aquí nadie me preguntaba por mi acento, también porque Nueva York recibe a gente de todo el mundo y cada persona tiene un acento distinto. Otro rasgo distintivo de la sociedad norteamericana, al contrario de lo que sucede en otras culturas, es la gran confianza en la juventud. La fuerza y el empuje de la juventud son muy valorados profesionalmente, pues en un sistema meritocrático y tan competitivo, es la etapa en la que más se puede rendir. En las casi cuatro décadas que llevo en Estados Unidos, he comprobado una y otra vez cómo se privilegia a los jóvenes, cómo en las universidades e institutos de investigación se les ofrecen grandes oportunidades para crecer y desarrollar sus ideas. Este apoyo a todo joven que quiere comerse el mundo —y que sentí en carnes propias nada más llegar a Nueva York— quizás sea la razón principal por la que continúo en este país, ya que las oportunidades profesionales a lo largo de mi carrera no han tenido parangón con lo que me podían ofrecer en Europa o en España. Este sistema es la receta de éxito del desarrollo científico y económico norteamericano, pero se genera a costa de generaciones de gente joven de todo el mundo que, para aportar su grano de arena, dejan un hueco en el país de salida, que se ve privado de muchas de sus personas más valiosas. Esta reflexión, que siempre he visto muy clara, viene acompañada de un sentimiento de responsabilidad hacia España. En mi caso, soy producto de una sociedad y un sistema educativo que invirtió en mí, que gestó una persona muy preparada, pero el rédito de todo esto se lo ha llevado Estados Unidos, en detrimento de España. Por ello siempre, y sobre todo en las últimas décadas, he tenido el afán de ayudar a mi país, de canalizar actividades, energía e ideas para promover la ciencia y la sociedad españolas. Siento que, precisamente a quienes nos ha ido bien trabajando fuera, tenemos más responsabilidad que nadie para devolver con creces a la sociedad que nos hizo lo que somos, los beneficios de esa educación y formación.

CON LOS FÍSICOS DE DONOSTIA

Las semillas para mi posible vuelta a trabajar en España se plantaron durante mi estancia en Cambridge cuando era estudiante. Allí conocí a Pedro Miguel Etxenike, físico teórico con quien hice muy buenas migas, que me acogió como un alevín en sus actividades y casa en Cambridge, a pesar de nuestra diferencia de edad. Después de Cambridge, Etxenike volvió al País Vasco y creó en San Sebastián el Donostia International Physics Center

(DIPC), un instituto de física teórica que, gracias a su tesón e inteligencia, ha crecido hasta convertirse en un lugar de referencia para la física europea e incluso mundial. Precisamente por eso, décadas después de nuestro encuentro en Cambridge, retomé contacto con él cuando visitó a sus compañeros físicos de la Universidad de Columbia, varios de ellos también venidos de los Bell Labs, con los que trabajamos en colaboración investigando la utilización de nuevos nanomateriales para la neurotecnología. Le enseñé a Pedro Miguel mi laboratorio, y me invitó a que lo visitara en San Sebastián para participar en un congreso internacional de ciencia, Passion for Knowledge, que organizaba el DIPC. En esa visita conocí este centro de investigación y me encantó la mezcla de excelencia científica y espíritu cálido y acogedor de su gente. Muchas veces pienso que los centros de investigación reflejan no solo la visión de sus creadores, sino, quizás más importante todavía, su personalidad, saber hacer y tratar a la gente: esa calidez y espíritu directo, honrado y sin pretensiones —*jatorra*, que dicen en euskera— me cautivaron del DIPC. En esta visita, junto con Ricardo Díez Muiño, su director, me explicó que querían seguir creciendo y expandirse a otras áreas cercanas de la ciencia. Así que, con mi bagaje mixto de formación en medicina, neurociencia y biofísica, salido además de los Bell Labs, me ofrecí para ayudarlos en este nuevo camino. Volví al año siguiente, en un marzo muy lluvioso, a dar un curso de una semana sobre neurofísica e hice hincapié en tres áreas en las que las ciencias físicas y la neurociencia se solapan: la biofísica, el estudio de las neuronas como un sistema físico más; las redes neuronales, que utilizan las herramientas matemáticas de la física teórica para analizar los circuitos neuronales; y, por último, la neurotecnología, que desarrolla nuevas técnicas venidas de la física experimental para medir o manipular la actividad neuronal. Durante esa semana se forjó el plan: me incorporaría al DIPC como investigador visitante durante los veranos —período en el que no tengo que dar clase en Columbia— para trabajar con Aitzol Garcia Etxarri, un joven investigador del DIPC recién llegado de Stanford, explorando la utilización de nanopartículas para activar ópticamente las neuronas. Este proyecto, que bautizamos Nanoneuro, lleva ya seis años de recorrido y ha sido el germen de una red que engloba nueve laboratorios en el País Vasco y tres en Estados Unidos y que ha obtenido financiación de los gobiernos vasco y español, con visos de seguir creciendo con resultados muy esperanzadores para poder utilizar estas nanopartículas, no solo en la investigación en neurobiología, sino también en la clínica. Poco a poco, haciendo las cosas despacio, pero con esmero —*poliki poliki,* que dicen en euskera—, gracias a la acogida de Etxenike y el DIPC, puse mi primer grano de arena en la investigación científica en España.

EN LA PUERTA DEL SOL

Mi participación en el DIPC, donde me encontré con el entusiasmo de científicos y administradores, me animó a considerar la idea de impulsar un proyecto sobre el cerebro para toda España, como una versión a la medida para nuestro país de la iniciativa BRAIN de Estados Unidos, manteniendo la idea original de un centro nacional de neurotecnología que sirviera para vertebrar una serie de unidades asociadas en otros lugares. En otro viaje a España, en el que participé en el congreso anual de la Sociedad Española de Neurología, su presidente, Exuperio Díez Tejedor, me animó a que considerara la posibilidad de volver a España a trabajar. Él era catedrático de Neurología en la Universidad Autónoma, donde a los pocos meses yo recibiría el premio de alumno distinguido, otorgado por el rector Rafael Garesse, biólogo molecular que precisamente se formó en el Medical Research Council de Cambridge, el mismo instituto donde yo mismo trabajé en el laboratorio Brenner, aunque no coincidimos entonces. Con ocasión del acto del premio, en la misma facultad donde yo había estudiado años atrás, nos reunimos los tres, Exuperio, Rafael y yo, y volvimos a hablar de la posibilidad de crear un centro de neurotecnología en España. Exuperio nos recordó que fue precisamente el Ayuntamiento de Madrid el que financió en su día la creación del Instituto Cajal, y me animó a presentar mis ideas a la Comunidad de Madrid, facilitándome el contacto con la Consejería de Sanidad, con la que tenía mucha relación. En mi siguiente viaje a Madrid durante las navidades de 2019, en una de las sedes de la Comunidad de Madrid al lado de la Puerta del Sol, nos reunimos con el consejero de Sanidad, Enrique Ruiz Escudero, y el consejero de Educación, Eduardo Sicilia, que recibieron entusiasmados la propuesta de crear un centro de neurotecnología en Madrid. Aparte de discutir los posibles objetivos científicos, clínicos y de emprendimiento, hablamos también de potenciales presupuestos y, sin dudarlo un momento, los dos consejeros se comprometieron verbalmente a apoyarlo. Así, con un fuerte apretón de manos y el apoyo de la presidenta Isabel Díaz Ayuso, a quien le encantó la idea, comenzó el proceso de creación de un centro que decidimos llamar Madrid Neurotech, utilizando la palabra inglesa para asociar en todo el mundo la idea de neurotecnología con la Comunidad de Madrid.

SE INVOLUCRA LA SEDIA

Mis conversaciones iniciales con la Comunidad de Madrid coincidieron con el inicio en China de la pandemia de COVID. A los tres meses, estábamos todos confinados en casa, observando aterrorizados cómo la pandemia se llevaba por delante a millones de personas en todo el mundo y más de cien mil en España, incluyendo muchos de nuestros seres queridos. Fue un momento terrible para la humanidad, y más aún porque muchas muertes podrían haberse evitado si se hubieran seguido a tiempo las indicaciones de los epidemiólogos y adoptado medidas sanitarias efectivas. El sur de Europa en particular, con una población envejecida que reside en zonas urbanas, con tradiciones sociales de vida en común, sufrió directamente el golpe más que otras regiones en el continente o en el mundo. Las consecuencias sociales y económicas fueron tan tremendas que la Comunidad Europea decidió lanzar un programa de fondos de reconstrucción destinados a los países del sur, para paliar los efectos del COVID y ayudar al crecimiento económico, con especial énfasis en áreas tecnológicas y científicas, como una apuesta para el futuro del viejo continente. Estos fondos de Next Generation o fondos PERTE (Proyecto Estratégico para la Recuperación y Transformación Económica) constituyeron un auténtico plan Marshall para el sur de Europa y supusieron una inversión histórica, estimada en 140 mil millones de euros para España. La principal responsable de la administración de estos fondos fue la vicepresidenta y ministra de Economía Nadia Calviño, que precisamente había creado la SEDIA, dirigida por Carme Artigas, con la que ya tenía contacto frecuente. En su comité se discutió como tormenta de ideas la posibilidad de invertir parte de estos fondos europeos para desarrollar en España, no solo la IA, sino también una serie de tecnologías asociadas que permitieran la creación de un ecosistema de desarrollo científico, tecnológico y de emprendimiento. Por otra casualidad del destino, de una manera completamente natural, propuse la idea de un centro nacional de neurotecnología, con una red asociada, con beneficios científicos, tecnológicos, clínicos y de desarrollo del emprendimiento. A Carme le gustó mucho la propuesta y, en mitad de la pandemia, cogió un avión y vino a verme para hablar de ello en la Universidad de Columbia en Nueva York. Allí, con las mascarillas puestas, le enseñé el laboratorio y le conté el plan que estábamos discutiendo con la Comunidad de Madrid. También hablamos de la idea de que fuera impulsado con el apoyo de la SEDIA, como uno de los proyectos PERTE. Después de esa visita, en conversaciones posteriores, Artigas, con el apoyo de Calviño, decidió involucrar a la SEDIA en el proyecto y, con el beneplácito de mis interlocutores en la Comunidad de Madrid que vieron en esto una gran oportunidad, comenzó un proceso colaborativo entre estas dos administraciones, a pesar de estar enfrentadas políticamente. Me parece algo muy bonito e incluso ejemplar que, como reacción a la tragedia del COVID, salga adelante en España un proyecto común, que ponga de lado las diferencias políticas, para promover la ciencia, la clínica y el bien del país.

UN LABORATORIO NACIONAL POR FIN

Con el apoyo y el liderazgo de dos mujeres, la vicepresidenta Calviño y la presidenta Ayuso, algo también emblemático de la nueva España, las dos administraciones se involucraron en explorar la creación de un proyecto de neurotecnología y me pidieron que coordinara un grupo de trabajo. Para mí fue como una repetición del proceso de creación de la Iniciativa BRAIN de Estados Unidos, una especie de BRAIN 2.0, y apliqué en España la misma fórmula que había funcionado tan bien en Estados Unidos: trabajar sin personalismos, aspavientos ni publicidad, con un pequeño grupo de trabajo y una agenda común clara. El objetivo era generar un plan escrito de unas veinte páginas, con una hoja de cálculo económica añadida, y entregarlo a las dos administraciones en tres meses para su estudio posterior. Este grupo, formado por diez personas, incluía miembros de la SEDIA, en representación de la Administración General del Estado; de la Consejería de Educación, Ciencia y Universidades, en representación de la Comunidad de Madrid; y de la Universidad Autónoma, con el propio rector Garesse y Exuperio Díaz. Para que nos ayudaran con la parte clínica y de emprendimiento, incorporamos también a Álvaro Pascual-Leone, desde Harvard, y a José Carmena, desde Berkeley. El grupo comenzó a reunirse todas las semanas por videoconferencia, con un trato exquisito y profesional entre todas las partes. Al igual que la creación de la Iniciativa BRAIN, se decidió trabajar de una manera confidencial, algo que se mantuvo a rajatabla incluso dentro de las tres administraciones involucradas, donde solo muy pocas personas conocían el proyecto. La confidencialidad permitió evitar posibles problemas políticos, interferencias y maniobras de otros actores, así como publicidad sensacionalista que pudiera destapar que el Estado y la Comunidad de Madrid trabajaran en connivencia. De esta manera, fuimos creando entre todos el plan para una iniciativa de neurotecnología en España. Era un plan ambicioso, diseñado a quince años vista, como la iniciativa norteamericana, enfocado en desarrollar neurotecnología para su utilización en seres humanos, con un triple objetivo científico, clínico y de emprendimiento, todo dentro de un marco ético y jurídico respetuoso con los neuroderechos. Planteamos la creación de un laboratorio nacional, rescatando la idea que habíamos propuesto a la Casa Blanca de un observatorio cerebral, donde buscar sinergias y la fusión de los nuevos métodos con la inteligencia artificial. Después de una discusión, los representantes de la comunidad aceptaron cambiar el nombre de Madrid Neurotech a Spain Neurotech, ya que consideraron, de manera ejemplar, que ser españoles era más importante que ser madrileños. Acabamos el documento, después de mucho trabajo. Para evitar personalismos, firmamos todos el documento según el orden alfabético de nuestros apellidos, al igual que lo hicimos con la propuesta y los artículos del proyecto de Obama, y lo entregamos a las tres administraciones el día previsto.

SE FIRMA EL PROTOCOLO DE COLABORACIÓN

El siguiente capítulo del Spain Neurotech fue que la SEDIA decidió sacar a concurso público el proyecto para crear un centro nacional de neurotecnología, para dar oportunidad a todas las comunidades autónomas, universidades, institutos de investigación y hospitales y empresas a presentarse. Aunque nos pareció un revés, después de todo el trabajo que habíamos realizado con la Comunidad de Madrid, y también porque la propia idea fue presentada a la SEDIA como una colaboración con la Comunidad de Madrid, no se nos cayeron los anillos al tener que competir por nuestro propio proyecto, pues entendimos que el Estado, que representa a todos los españoles, necesita asegurarse un campo de juego plano y transparente para todos. La Comunidad de Madrid y la Universidad Autónoma presentaron el proyecto con nuestro asesoramiento, en el que la Comunidad de Madrid se comprometía no solo a cumplir con la financiación prevista, sino incluso a doblarla, y así, nuestro proyecto no solo ganó el concurso, sino que, además, hizo que el Estado tuviera que aumentar su compromiso de inversión. La decisión de que la Universidad Autónoma de Madrid fuera la sede de este nuevo centro fue anunciada por el presidente Sánchez y la presidenta Díaz Ayuso en julio de 2022 y culminó con la firma de una declaración de intenciones para trabajar conjuntamente en la creación del consorcio Spain Neurotech. Esta firma, que ocurrió en diciembre de 2022 en el edificio que está frente a la Universidad Autónoma y que se había designado como futura sede de Spain Neurotech, contó con la representación de la vicepresidenta del Gobierno, Nadia Calviño; del vicepresidente de la Comunidad de Madrid, Enrique Ossorio, y de la rectora de la Universidad Autónoma, Amaya Mendikoetxea. Con un emblemático apretón de manos y en una ceremonia sin ningún atisbo político, enfocada en el futuro del país, se dejaban atrás dos años de negociaciones y pasábamos a una etapa de creación administrativa del nuevo centro.

CON LA PRESIDENTA AYUSO

Por el papel crítico de la Comunidad de Madrid, y para contarle a la presidenta Díaz Ayuso nuestros planes, nos reunimos con ella en la Real Casa de Correos, el palacio de la Plaza del Sol cuyo reloj marca las campanadas de fin de año. Acompañados del vicepresidente Ossorio, Álvaro Pascual-Leone, José Carmena y yo le agradecimos directamente a la presidenta su apoyo y discutimos los detalles del proyecto. La reunión fue muy distendida, entre otras cosas por la casualidad de que Díaz Ayuso y yo somos del mismo barrio de Madrid, lo que contribuyó a que la interlocución entre dos chamberileros fuera directa y ágil. Aparte de confraternizar y compartir raíces y lugares de nuestra infancia, la presidenta nos confesó que una de sus mayores preocupaciones es, precisamente, contemplar en la plaza de Chamberí, detrás de su casa, a muchos ancianos solos, con problemas de Alzhéimer o de demencia y desvalidos. Nos pidió que involucrásemos a Spain Neurotech en ayudar a quienes sufren esta patología que asola nuestra sociedad. También nos comentó que el proyecto del Spain Neurotech encajaba perfectamente con la idea de convertir Madrid, y España en general, en la California de Europa, para atraer por el calor de su clima, de su gente y de su modo de vida a profesionales de todo el continente para trabajar en oficios científicos y tecnológicos. Estas ideas de Díaz Ayuso han sido incorporadas como objetivos de Spain Neurotech. Después de la reunión, empezamos a trabajar otra vez con dos interlocutores nuevos, que tomaron el relevo en la Consejería de Educación, Ciencia y Universidades, dirigida ahora por Emilio Viciana, y la de Sanidad, dirigida ahora por Fátima Matute, con los que continuamos trabajando con entusiasmo común por este proyecto tan ilusionador.

UN FARO PARA EUROPA

A todo esto, y recordando el críptico *email* que recibí del presidente Obama en 2013 convocándonos a la Casa Blanca, me llegó un mensaje de WhatsApp en el que Nadia Calviño pedía hablar conmigo. Parece ser que la Comisión Europea había decidido hacer una auditoría a España para comprobar que los fondos PERTE se estaban utilizando correctamente. Nadia Calviño pensó que el proyecto Spain Neurotech podía ser un buen ejemplo de ello y nos pidió que nos reuniéramos con el comité de auditores europeos, formado por representantes del Parlamento europeo. Así que organicé un viaje relámpago a España, cogiendo el último vuelo desde Nueva York, me puse traje y corbata en los baños del aeropuerto, y llegué en taxi justo cuando empezaba la auditoría, y me uní en el estrado a Carme Artigas, representando a la SEDIA; a Fidel Rodríguez Batalla, viceconsejero de Universidades, Ciencia e Innovación de la Comunidad de Madrid, y a la rectora de la Universidad Autónoma, Amaya Mendikoetxea. Sin ningún atisbo político, y como una máquina bien engrasada, como reflejo de todas las reuniones y el trabajo que llevábamos haciendo juntos desde hacía ya varios años, nos fuimos pasando el testigo unos a otros, exponiéndoles el plan y respondiendo a todo tipo de preguntas durante varias horas. La presidenta del comité de evaluación era una alemana bastante impenetrable, lo que causó bastante estrés a todas las partes involucradas en Spain Neurotech, y en particular a los representantes del Ministerio de Economía del Gobierno de España, responsables no solo de nuestro proyecto, sino también de la inversión de los fondos PERTE, que estaban de alguna manera en juego. Pero, en unas declaraciones a la prensa al final de la visita de inspección, la portavoz alemana afirmó que el proyecto de Spain Neurotech era un ejemplo perfecto de la utilización adecuada de los fondos europeos de reconstrucción, no solo por poner el foco en un tema de futuro con grandes consecuencias tecnológicas y económicas, sino también por la colaboración entre administraciones regionales y estatales, la participación de una universidad puntera y la contribución de expertos españoles que trabajan en el extranjero. Le pareció tan importante el proyecto que recomendó al Gobierno español que hiciera una inversión mayor, e incluso que se extendiera al resto del continente, llamándolo un «faro» para Europa. Habíamos salvado el examen con sobresaliente y nos habían dado más deberes: ampliar el proyecto para incluir a toda Europa.

CON EL PRESIDENTE SÁNCHEZ

El presidente Sánchez convocó elecciones generales y eso significó que el Gobierno entraba en funciones, llevando a una parálisis administrativa para lanzar nuevos proyectos y tomar decisiones importantes. Después de varios meses, Sánchez salió reelegido, pero cambió significativamente su gobierno, con la salida de Nadia Calviño, y de Carme Artigas, y adscribiendo la SEDIA al nuevo Ministerio de Transformación Digital. Fue como volver a empezar desde cero, un momento de frustración, pues un proyecto que ya estaba encaminado y donde se había logrado un consenso firmado entre el Estado y la Comunidad de Madrid tenía que volverse a justificar con nuevos interlocutores. A consecuencia de este cambio, realicé otro viaje relámpago de Nueva York a Madrid, me vestí de nuevo en los baños del aeropuerto y, en un taxi directo al Palacio de la Moncloa, me reuní con el presidente Sánchez en una sala decorada con los retratos de los presidentes de los distintos Gobiernos en España desde la democracia. En este lugar tan emblemático para la historia de nuestro país, Sánchez me recibió con un trato exquisito y, en un tono distendido, me pidió que le tuteara. Resulta que, por otra de las casualidades del destino, Sánchez y yo somos alumnos del mismo instituto, el Ramiro de Maeztu. Aunque no coincidimos allí, compartimos también vivencias y una formación común, incluida la pasión por el equipo de baloncesto del instituto, el Estudiantes, del que fue canterano. En nuestra conversación le agradecí al presidente el apoyo a Spain Neurotech, haber escogido la propuesta de la Comunidad de Madrid y haber incrementado los fondos. Hablamos de cómo sacar adelante el proyecto y, de una manera muy razonable, propuso que se readscribiera al Ministerio de Ciencia, ya que el objetivo del proyecto estaba mucho más alineado con el personal especializado de este ministerio en dirigir e impulsar institutos científicos. Me pareció que la propuesta era perfecta, entre otras cosas porque yo había conocido a la ministra de Ciencia, Diana Morant, durante la ceremonia de la declaración de neuroderechos de Valencia, y ella nos había expresado ya entonces su apoyo total al proyecto de Spain Neurotech. Sánchez me prometió que haría el traslado, y así sucedió. Con este cambio de ministerio tuvimos a un nuevo interlocutor por parte del Estado, en el papel que tenía Carme Artigas: la persona era Juan Cruz Cigudosa, secretario de Estado de Ciencia, que sería el encargado de pilotar la creación administrativa del consorcio Spain Neurotech. Juan Cruz es navarro —de la Ribera, precisamente del pueblo de enfrente del de mi abuela riojana— y, con su afabilidad característica, desde la primera conversación me hizo sentir que trabajar con él sería como estar jugando en casa.

SE CREA SPAIN NEUROTECH

Con Juan Cruz pilotando un pequeño pero eficiente equipo de administradores entusiastas, y con el apoyo de Ana Ramírez, viceconsejera de Universidades, Educación y Ciencia de la Comunidad de Madrid, así como con el de Amaya Mendikoetxea, rectora de la Universidad Autónoma, se lograron sortear los últimos obstáculos administrativos y ultimar el documento de creación del consorcio Spain Neurotech, que culminó en diciembre de 2024 con la firma del documento por la ministra de Ciencia Morant, el Consejero de Educación Viciana y la rectora Mendikoetxea. En otra sencilla ceremonia en el campus de la Universidad Autónoma, se escenificó el acuerdo entre las tres partes para hacer realidad la idea que, justo cinco años antes, habíamos discutido en ese mismo campus. A la semana, el documento de creación del consorcio se publicó en el Boletín Oficial del Estado (BOE), especificando las aportaciones que las tres partes firmantes tenían que hacer en los próximos catorce años, sin posibilidad de marcha atrás. De alguna forma, por las casualidades de la vida, mis raíces en Chamberí y el Ramiro de Maeztu, e incluso las raíces de mi familia en La Rioja, contribuyeron a facilitar el trato personal con personas clave y allanar el camino, ayudando a que Spain Neurotech saliera adelante. Pero el mérito no es mío, sino de los representantes de la ciudadanía española y madrileña. Estoy feliz de dar fe que el proyecto ha recibido el apoyo sincero de los líderes del Gobierno de España y de la Comunidad de Madrid, sin ningún atisbo de duda. Recalco que tanto la presidenta Ayuso como el presidente Sánchez han puesto todo lo que tenían en sus manos, incluso doblando las inversiones iniciales. Creo que es admirable que estos dos líderes políticos hayan dejado de lado sus diferencias para concentrar los esfuerzos en el bien de la ciencia y del país. Que la parte inicial de este proyecto haya sido financiada con los fondos europeos de reconstrucción después del COVID me parece, además, un gesto precioso de un país que sale de la tragedia que lo asoló con un espíritu colaborador, positivo y emprendedor, mirando al futuro, como un homenaje a los que perdimos.

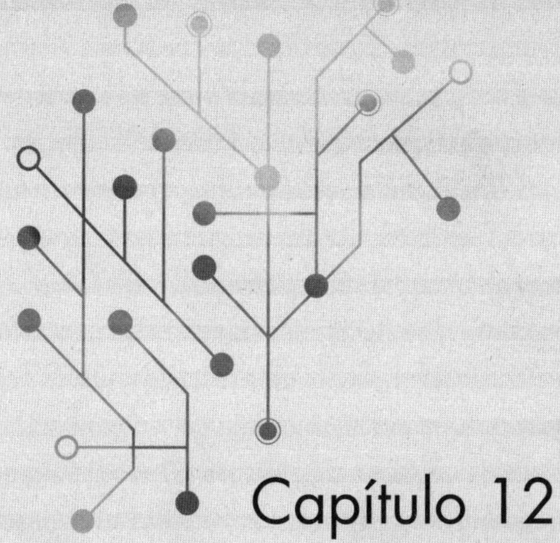

Capítulo 12

Al albor de un nuevo Renacimiento

EL BRAIN COMPLETA LA OBRA DE CAJAL

Mirando hacia atrás en la última década, es notable darse cuenta de los cambios que están ocurriendo en neurotecnología. Quizá lo más importante a largo plazo sea el impacto que está teniendo la Iniciativa BRAIN, ya que está sentando las bases para la neurociencia del futuro. Aunque se inició en 2013, el trabajo duro en los laboratorios financiados por el BRAIN no empezó hasta dos o tres años más tarde, cuando comenzaron a entrar los fondos. Hoy hay más de 550 laboratorios implicados actualmente, cada uno con un proyecto individual, por lo que tenemos un auténtico ejército de científicos explorando todos los recovecos de la neurotecnología. Como se prevé que el proyecto va a durar hasta 2030 por lo menos, y los resultados científicos siempre van lentos, todavía falta evaluar su verdadero impacto, aunque ya se pueden destacar varios logros, incluso históricos. Aparte de una verdadera carta a los Reyes Magos de todo tipo de métodos —eléctricos, ópticos, moleculares, acústicos y magnéticos—, se han utilizado de manera sistemática métodos de transcriptómica para clasificar los tipos de células, tanto neuronas como la glía en el cerebro de animales y también de seres humanos. Obtener un catálogo de las neuronas presentes en el cerebro es un paso imprescindible para poder descifrar las selvas impenetrables de Cajal. De hecho, me atrevería a decir que la Iniciativa BRAIN ha completado la gran obra de Cajal clasificando tipos neuronales, que publicó en 1899 la Librería Moya de Madrid, en dos tomos, con el título de la *Textura del sistema nervioso del hombre y los vertebrados*. Esta fue la obra de su vida, aunque lo arruinó económicamente al tener que costear su edición. Cajal utilizó tinciones anatómicas y dibujos de neuronas, que clasificó según su morfología en una multitud de tipos distintos. Pero esta clasificación la hizo a ojo, según su criterio e intuición basados en haber observado y dibujado miles de neuronas. Desde entonces, siguiendo con esa tradición, cada investigador tiene una opinión distinta sobre si una neurona pertenece a una clase o a otra, y estas discusiones son interminables, porque están basadas esencialmente en la opinión subjetiva de los investigadores. Para solucionar esta situación se incorporaron los métodos de transcriptómica, que secuencian cada neurona, de una en una, las moléculas de ARN mensajero que tienen en su núcleo, y aplicando un análisis matemático se disciernen las diferencias entre ellas, obteniendo una clasificación estadística de todos los tipos de células. Esta clasificación deja de ser subjetiva y pasa a ser objetiva, cuantitativa, basada en las mediciones experimentales y con rangos estadísticos de fiabilidad. Un consorcio internacional de laboratorios, coordinados y financiados por la Iniciativa BRAIN, ha concluido que hay aproximadamente tres mil tipos de células en el cerebro humano de un adulto y ha bautizado a cada uno de estos tipos con un nombre y apellidos científicos que reflejan las moléculas de ARN especiales que las caracterizan. Muchos de estos tipos de células ya habían sido descritos por Cajal, confirmando al viejo maestro, pero otros no, y también hay correcciones importantes, como es lógico después de más de cien años. El atlas transcriptómico de células del cerebro humano es la culminación de la obra de Cajal, algo que se merece un Premio Nobel, aunque será difícil repartirlo entre los cientos de investigadores involucrados.

EL BRAIN MAPEA LAS SELVAS CEREBRALES

Si tuviera que destacar otra contribución histórica de la Iniciativa BRAIN, merecedora también de un Premio Nobel en mi opinión, sería seguramente el mapeo completo de las conexiones del cerebro de la mosca, realizado recientemente por otro consorcio enorme de muchos laboratorios, dirigido por mi excompañero de oficina en los Bell Labs, Sebastián Seung, de la Universidad de Princeton. Sebastián es físico teórico y una persona absolutamente brillante, que compaginó la dirección de este consorcio desde Princeton con el cargo de vicepresidente y director de IA de Samsung en Corea, además de ser un padre dedicado a su familia e hijas. No sé cómo lo hizo, pero me confesó que volar de ida y vuelta desde Nueva York a Seúl todas las semanas era bastante pesado. Pues bien, Sebastián y su equipo utilizaron microscopía electrónica, que tiene mucha resolución, de una manera sistemática y automática, para poco a poco ir reconstruyendo con algoritmos de inteligencia artificial adónde van todos y cada uno de los axones de las casi 150.000 neuronas del cerebro de la mosca de la fruta, la famosa *Drosophila melanogaster*. Esta mosca es uno de los animales de experimentación más utilizados en la biología desde hace un siglo, cuando el norteamericano Thomas Morgan y su pequeño grupo de estudiantes la utilizaron para demostrar cómo los genes localizados en los cromosomas codifican la herencia. Aparte de poner en suelo firme los resultados de genetistas anteriores como Gregor Mendel, y sentar las bases de la genética moderna, Morgan fue también pionero en la manera de hacer ciencia, ya que se reunía todos los días alrededor de una mesa con todos sus estudiantes y, sin jerarquías ni formalismos, diseñaban, hacían y analizaban experimentos entre todos. Esta forma antijerárquica de funcionar revolucionó los laboratorios de investigación y se ha expandido desde entonces no solo por Estados Unidos, sino también por las tradicionales universidades de Europa y Asia, acostumbradas a funcionar como un ejército de estudiantes al mando del jefe, haciendo todo lo que diga el catedrático. Morgan, además, fue profesor de mi departamento en la Universidad de Columbia y su fotografía preside la sala de reuniones del claustro de profesores como inspiración.

Continuando con el espíritu de hacer ciencia entre todos salido de la *Drosophila*, Sebastián y su grupo la escogieron para poner a punto uno de los objetivos de la Iniciativa BRAIN: mapear todas las conexiones del cerebro. Después de un trabajo titánico, consiguieron un mapa de los más de cincuenta millones de conexiones de la mosca, mapa que se puede bajar al teléfono móvil para satisfacer la curiosidad de cualquiera. Han logrado visualizar todas y cada una de las lianas de las selvas de Cajal. Aunque sea una pequeña mosca, nos han mostrado cómo hacerlo, y ha surgido otro consorcio de laboratorios coordinado y en gran parte financiado por la BRAIN para descifrar todas las conexiones del cerebro de un ratón, que sería el desciframiento del cerebro del primer mamífero, con la vista puesta, por supuesto, en el cerebro humano. Creo que Cajal debe de estar feliz en su tumba viendo cómo estas nuevas generaciones, oleada tras oleada, se enfrentan a los desafíos más temerosos de la neurociencia.

LA NEUROCIENCIA: LA FRONTERA DE LA BIOLOGÍA

Estos avances de la Iniciativa BRAIN tienen más importancia de lo que parece, ya que pueden llevarnos directamente a descifrar la cuestión del cerebro. Conocer los tipos de neuronas y las conexiones es un primer desafío absolutamente necesario para poder avanzar. De hecho, desde Cajal, los neurocientíficos llevamos más de cien años intentando averiguar todo ello atraídos por el misterio del cerebro. En realidad, como comentamos al comienzo del libro, el objeto de estudio de la neurociencia es el sistema nervioso, uno de los sistemas funcionales del cuerpo, además del cardiovascular, el respiratorio, el digestivo, etc. El sistema nervioso incluye el cerebro, pero también la médula espinal, los ganglios y los nervios. Prácticamente todos los animales tienen sistema nervioso, desde las medusas y los corales hasta los humanos. En estos cien años desde Cajal, el trabajo conjunto de toda una red de neurocientíficos que se extiende por el espacio (por todo el mundo) y el tiempo (generación tras generación), hemos avanzado mucho, pero no lo suficiente. Conocemos ya cuál es la estructura básica del cerebro, los más de tres mil tipos de neuronas que posee y cómo funcionan estas neuronas por dentro de una en una. Hemos llegado a destripar algunas de sus partes con gran detalle, por ejemplo, las conexiones del cerebro de la mosca, pero todavía no entendemos de verdad cómo funciona el sistema nervioso, cómo las neuronas se coordinan entre ellas formando circuitos neuronales, y cómo se coordina todo para crear el comportamiento y las actividades mentales. Lograr este objetivo, obtener una teoría general que explique qué hace el cerebro, por qué lo hace y cómo lo hace, sigue siendo uno de los grandes desafíos de la biología. Los otros órganos están más o menos controlados: entendemos cómo funcionan el corazón, el hígado, los pulmones..., pero no el cerebro. Una demostración de nuestra ignorancia sobre el sistema nervioso es que, si entendiéramos el cerebro, podríamos curar las enfermedades cerebrales, algo que ya podemos hacer con muchas patologías de otras partes del cuerpo que entendemos mejor. Comprender el cerebro y curar sus patologías no es una tarea imposible; llegaremos a ello, estoy convencido. El avance de la ciencia es imparable y los grandes desafíos científicos han caído uno tras otro. Por ejemplo, en el siglo XIX entendimos que la evolución es el motor de la vida, y en el siglo XX la biología pudo por fin descifrar el código genético y explicar cómo heredamos nuestros genes en el ADN, además de explicar cómo estas instrucciones se leen y dan lugar al desarrollo embrionario de los animales. La ciencia no va a parar, porque está impulsada por una red de personas apasionadas. También conseguiremos conquistar el cerebro. ¿Por qué no? Es otra parte más del cuerpo, la única que se nos ha resistido. Por ello, entenderlo es quizá el gran desafío de la biología moderna. Pero estamos en camino. Muchos de nosotros creemos que, cuando miremos atrás al siglo XXI, estaremos orgullosos y lo consideraremos el siglo de la neurociencia, cuando por fin se entendió el cerebro, cuando los científicos conquistamos la desafiante montaña y pusimos la bandera de la humanidad en la cima.

DEL LABORATORIO A LA CLÍNICA

Entender el cerebro también tiene muchísima importancia para la medicina, que es la aplicación de la ciencia al cuerpo humano, y que por ello también avanza de una manera imparable. Aunque el día a día parece lento, la red mundial de médicos e investigadores biomédicos no para, y cada paso es un avance irreversible.

Hoy en día es relativamente normal tratar arritmias cardíacas con marcapasos, algo que hubiera parecido ciencia ficción cuando yo era niño. Se empiezan a curar melanomas con inmunoterapias, un tumor que solo hace diez años era una sentencia de muerte, que se llevó por delante, entre otros, a mi querido Larry Katz. Pero aún tenemos muchos desafíos por delante, pues todos tenemos familiares o amigos que sufren de enfermedades cerebrales, neurológicas, neurodegenerativas o psiquiátricas. Sabemos perfectamente, en una lección aprendida con mucho dolor, que prácticamente ninguna de estas enfermedades tiene cura. Me refiero a enfermedades como pueden ser el alzhéimer, la esquizofrenia, el párkinson, la adicción, la epilepsia, la discapacidad mental, los problemas de aprendizaje, los síndromes del espectro autista, la esclerosis lateral amiotrófica, la esclerosis múltiple, la parálisis, la depresión, los trastornos bipolares, el estrés postraumático, las fobias, los ataques de pánico, la ansiedad, la anorexia, la bulimia, etc. Es una lista larga y terrible. Primero, porque son enfermedades muy prevalentes: se estima que al menos un 30 por ciento de la población del mundo durante su vida sufrirá enfermedades cerebrales graves. Y segundo, porque prácticamente no podemos hacer nada por estos pacientes, porque todavía no entendemos cómo funciona el cerebro. Aunque hemos aprendido muchas cosas sobre estas enfermedades, lo que sabemos no ayuda a estos pacientes. Se trata sinceramente de un panorama pavoroso. Nos queda mucho camino por recorrer y tenemos el deber urgente de solucionar estos problemas. Los pacientes nos miran a los científicos y médicos a los ojos pidiendo ayuda. Por eso, solo por la importancia que va a tener para la medicina el entendimiento del cerebro, tendría que ser una de las mayores prioridades de la humanidad.

LA NEUROTECNOLOGÍA EMPIEZA A REVOLUCIONAR A LA NEUROCIRUGÍA

Los proyectos sobre el cerebro en Estados Unidos y otros países, con el añadido de las grandes inversiones de dinero del sector privado, además de avances en la neurociencia básica, están generando nuevas técnicas que se empiezan a trasladar poco a poco del laboratorio a la clínica. Este era uno de los objetivos fundamentales de la Iniciativa BRAIN y se puede decir que ya ha empezado la fiesta, con una plétora de métodos y dispositivos en ensayos clínicos para casi todas las enfermedades neurológicas, neurodegenerativas o psiquiátricas. Daré unos cuantos ejemplos de lo que se está cociendo en la cocina de la neurotecnología clínica, empezando por los métodos invasivos o implantables, que requieren neurocirugía.

Se han desarrollado electrodos mucho más potentes que los anteriores para poder registrar la actividad de cientos o miles de neuronas en el cerebro de pacientes con epilepsia, para mapear bien las zonas dañadas o estimular a cientos de neuronas en patrones espacio-temporales para lograr un efecto mucho más preciso. Esto también se está aplicando para aliviar los temblores del Párkinson, por ejemplo. Se trata de una nueva neurocirugía, llamada «neurocirugía funcional», en la que el papel del neurocirujano ya no es extirpar tumores o partes dañadas, sino activarlas o desactivarlas con precisión con neurotecnología implantable. Los neurocirujanos empiezan a tener tanta efectividad que incluso se habla ya de la posibilidad de una «neurocirugía cosmética», que altere o corrija aspectos de la personalidad de los pacientes, para disminuir los matices negativos de su conducta. Pero estos procedimientos, quiero dejar bien claro, solo se podrían acometer por razones clínicas serias.

También hay ya nuevas interfaces cerebro-computador, que son chips —incluso inalámbricos— instalados en el cerebro de pacientes con parálisis por ictus o trauma que permiten a estos pacientes, por ejemplo, liberarse de su terrible sino y comunicarse con el exterior con sus pensamientos, o manejar piernas o brazos robóticos, incluso un exoesqueleto para moverse. Los avances tan rápidos de estas interfaces pueden llevarnos a alcanzar el sueño de que algunos de estos pacientes con parálisis hagan vida prácticamente normal. Como milagros bíblicos, no solo se ha logrado hacer andar a un paralítico, sino que también se está logrando hacer ver a un ciego, utilizando prótesis cerebrales implantadas en la corteza visual de personas con ceguera y conectándolas a cámaras externas para poder estimular su cerebro con patrones de actividad que se asemejan a las imágenes que aparecen delante de la cámara. Esto ya no es ciencia ficción y hay pacientes, incluso en España, que están empezando a poder ver de una manera incipiente gracias a la neurotecnología. La neurotecnología molecular está empezando a hacer mella en la clínica, con la utilización de virus inyectados dentro del globo ocular para modificar genéticamente la retina de pacientes ciegos y dotarlos de neuronas fotosensibles, igual que hemos hecho en los laboratorios con ratones desde hace más de una década. También se abre una nueva frontera para la neurocirugía reparadora, pues están empezando a funcionar los trasplantes de neuronas dopaminérgicas, fabricadas en el laboratorio a partir de células pluripotentes de pacientes, para aliviar síntomas e, incluso algún día, curar la enfermedad de Parkinson.

LA NEUROTECNOLOGÍA CAMBIARÁ LA NEUROLOGÍA Y LA PSIQUIATRÍA

Además de los dispositivos implantables, empiezan a aparecer en la práctica clínica todo tipo de aparatos no invasivos. Incluso en neurocirugía se está extendiendo el uso de haces de energía acústica (FUS o «Focused UltraSound»): penetran en el cuerpo y pueden eliminar tumores así como producir microlesiones cerebrales que, por ejemplo, alivian los síntomas del párkinson o de síndromes de temblores esenciales. También se está estudiando su uso en el Alzhéimer o la depresión. Otros procedimientos no invasivos son, por ejemplo, la utilización de estimulación transcraneal, tanto magnética como eléctrica, dejando atrás las terapias electroconvulsivas de las películas y utilizando modernos dispositivos que son palas externas que se aplican en el cráneo, o gorros de una malla flexible con electrodos. La estimulación cerebral está aprobada como terapia en muchos países en enfermedades como la depresión, las migrañas, los trastornos obsesivo-compulsivos e incluso para ayudar a dejar de fumar. Además, se están llevando a cabo ensayos clínicos en el Alzhéimer, la epilepsia, el Párkinson y el trastorno de estrés postraumático. Hablando de estrés postraumático, hay otro tipo de neurotecnología llamada neurorretroalimentación o *neurofeedback*, que se está empezando a utilizar en estos pacientes. El *neurofeedback* puede parecer un juego, pero es una herramienta muy potente. Consiste en un dispositivo neurotecnológico no invasivo que mide la actividad cerebral, como, por ejemplo, un escáner o un casco de EEG conectado a una consola de videojuegos. El paciente hace una tarea determinada mientras se le registra la actividad cerebral, y dicha tarea se modifica para aumentar o disminuir la actividad neuronal en una zona concreta del cerebro. De este modo, poco a poco, el propio paciente manipula su actividad cerebral. En el caso del estrés postraumático, por ejemplo, se está investigando si la alteración de la actividad de la amígdala cerebral, que procesa las emociones, puede ayudar a olvidar o digerir emocionalmente la experiencia traumática. Al utilizar los propios mecanismos cerebrales, guiándolos desde fuera, el *neurofeedback* tiene muchísimas posibilidades para la neurología o la psiquiatría. Es posible imaginarse cómo la mayoría de las enfermedades cerebrales podrían ser abordadas en principio con estas técnicas, para pasar después a dispositivos de estimulación o manipulación directa de los circuitos cerebrales. Estamos hablando de un futuro en que la neurología y la psiquiatría no estarán dominadas por tratamientos farmacológicos que afectan a todo el cuerpo por igual, sino por una neurotecnología que estará diseñada para atacar solo la parte dañada del cerebro. En vez de productos farmacéuticos, utilizaremos dispositivos electroceúticos. Esta neurotecnología, que puede llegar a tener una precisión de neurona individual, como en el caso de la neurotecnología óptica que utilizamos en el laboratorio, permitirá personalizar los tratamientos neurológicos y psiquiátricos en una nueva era de la medicina de precisión.

LA NEUROCIENCIA IMPULSARÁ LA INDUSTRIA

Además de la importancia de desarrollar la neurotecnología y entender el cerebro, la ciencia y la medicina tienen también otras razones de peso para hacerlo, tanto tecnológicas como económicas. La tecnología moderna se basa en los ordenadores digitales, y el gran desarrollo de la inteligencia artificial se fundamenta en el uso de modelos de redes neuronales. Pues bien, resulta que estos modelos están en gran parte basados en los resultados de la neurociencia de los años sesenta, precisamente obtenidos por mi maestro de tesis, Torsten Wiesel, con su colega David Hubel. Estudiando la corteza visual de los gatos, descubrieron —por azar, por cierto— que el cerebro procesa información de una manera ordenada y escalonada, en capas de neuronas conectadas cada una con la siguiente, extrayendo del entorno información cada vez más sofisticada. Esta idea fue la inspiración de las redes neuronales profundas, que se llaman redes neuronales porque imitan al cerebro y profundas porque tienen muchas capas, que son matemáticamente idénticas al modelo de Hubel y Wiesel. Así despegaron las redes neuronales de la inteligencia artificial. Por la misma regla de tres, si la neurociencia ya tuvo este efecto seminal en la IA basándose en modelos de los años sesenta, seguramente cuando entendamos con más detalle y precisión los algoritmos matemáticos que utiliza el cerebro para funcionar, se podrán generar nuevos modelos de redes neuronales que superarán a los actuales y revolucionarán la inteligencia artificial. Por eso hay muchísimo interés por parte de la industria tecnológica en la neurociencia, ya que es muy probable que el cerebro realice computaciones mucho más potentes que los ordenadores más grandes que hemos fabricado los humanos. Un apunte de esto: como he contado, después de doctorarme en Neurobiología en el laboratorio de Wiesel, me especialicé en una estancia posdoctoral en los Bell Labs de la AT&T, una compañía de teléfonos. ¿Qué diantres hacía un médico y neurobiólogo como yo en una compañía de teléfonos? Pues la AT&T, que era la mayor compañía telefónica del mundo por aquel entonces, tenía un departamento entero llamado «Computación Biológica», cuyo objetivo era precisamente descubrir los algoritmos que utiliza el cerebro, para patentarlos y utilizarlos para fabricar teléfonos inteligentes. La apuesta de la AT&T era prematura y no les salió bien, pero abrió el camino a las grandes compañías tecnológicas.

Pero, además de algoritmos, hay otro gran tesoro en el cerebro para la tecnología moderna: el cerebro utiliza poquísima energía para funcionar. Se estima que el cerebro humano gasta alrededor de veinte vatios de energía al día, que es el equivalente a una bombilla eléctrica pequeñita. Con este coste energético tan mínimo mantenemos encendida en la cabeza una red neuronal equivalente a tres internets. Por eso, entender cómo funciona el cerebro permitirá el diseño de sistemas de ordenadores inteligentes artificiales que gasten muchísima menos energía que los actuales. Por si fuera poco, hay una tercera razón de peso por la cual entender el cerebro puede revolucionar la industria tecnológica y tiene que ver con la posibilidad de conectar el cerebro directamente a la red a través de la neurotecnología. La neurotecnología dejará atrás los teléfonos inteligentes, cuyo uso actual consiste esencialmente en conectarnos a la red, y permitirá el aumento intelectual y cognitivo de nuestra especie. Por ello, no es ninguna sorpresa que las grandes compañías tecnológicas tengan el cerebro en el centro de su punto de mira, porque esperan que su modelo de negocio vivirá una auténtica revolución cuando llegue la neurotecnología y se implante en el mercado y en la sociedad.

DESCIFRANDO EL HABLA MENTAL CON IA

Es curioso que la inteligencia artificial, que nace de las redes neuronales inspiradas en la neurociencia, ahora contribuya de una manera cada vez más importante a retroalimentarla y, seguramente, el bucle se volverá a cerrar para dar lugar a una IA mejorada. Como hemos comentado, los modelos de lenguaje, en los que está basada la IA generativa, utilizan redes neuronales profundas como simulaciones matemáticas en la computadora, que se están empezando a utilizar para descifrar patrones complejos de actividad cerebral. Lo más asombroso que he visto ha sido la descodificación del habla interna a partir de registros eléctricos de la actividad neuronal, algo que, si me hubieran preguntado hace dos años, hubiera dicho que estaba fuera de las posibilidades de la tecnología, ya que el cerebro de una persona es gigantesco y los registros neuronales todavía solo permiten medir la actividad de pocas neuronas o de una manera muy grosera. El primer aldabonazo lo dio mi colega, el neurocirujano Eddie Chang en San Francisco, que, como he contado, también tuvo un «momento Oppenheimer», pues utilizó una electrocorticografía de alta densidad —una especie de electroencefalograma, puesto dentro del cráneo y encima de la corteza responsable del habla— mientras los pacientes pronunciaban oraciones en silencio. Después de dos semanas de entrenamiento del algoritmo, demostraron una decodificación precisa y rápida de un extenso vocabulario, a una velocidad de setenta y ocho palabras por minuto y con un error del 25 por ciento. A continuación, se hizo un estudio australiano con electroencefalografía —esta vez ya no invasiva— con doce voluntarios a los que se les pidió que repitieran un texto mentalmente. Debido a que el registro de la actividad cerebral se realizaba desde el exterior del cráneo, la tasa de error era mayor, de casi el 50 por ciento de media, pero, en algunos casos, con algunos participantes la descodificación del habla interna era muy efectiva. Por ejemplo, hay un vídeo en internet de uno de estos voluntarios mientras pide un café mentalmente, sin abrir la boca. A los pocos meses, salieron artículos en Japón, China y Francia con resultados cada vez mejores en términos de mayor velocidad y menor error. El estudio francés posiblemente sea el más impactante, realizado por un grupo de la compañía norteamericana Meta en París y en colaboración con el Centro Vasco de Cerebro y Lenguaje de San Sebastián (BCBL), ya que obtuvieron un porcentaje de exactitud de más del 80 por ciento en alguno de los voluntarios. Estamos a las puertas de la fabricación de sistemas de descodificación del lenguaje con cascos de EEG que nos permitirá dictar, mandar órdenes o comunicarnos entre nosotros, todo mentalmente. Estos dispositivos de EEG se pueden comprar libremente y serán cada vez más asequibles. Entraremos en un nuevo mundo.

LA PELÍCULA MENTAL DEL GATO JUGANDO

La posibilidad de descodificar el lenguaje interno utilizando cascos de EEG con inteligencia artificial generativa ya no es ciencia ficción y se une a la lista de avances en la descodificación de la actividad mental de personas con aparatos no invasivos. Por ejemplo, con escáneres de resonancia magnética funcional (fMRI), en la última década se han descodificado desde las imágenes que distintos voluntarios conjuran en su mente, a emociones e incluso la interpretación subjetiva de historias ambiguas. Un ejemplo reciente que me dejó de piedra fue un experimento realizado por la investigadora Aude Oliva, del MIT, que después de enseñar a un voluntario un vídeo de un gato jugando, le pidió que lo recordase mientras le escaneaba el cerebro con un fMRI y descodificaba su actividad cortical con IA generativa. Así, pudo regenerar las imágenes que la persona evocaba en su memoria y reconstruir el vídeo de un gato jugando. No era exactamente el mismo gato, y jugaba de otra manera, pero era muy parecido. Es difícil no quedarse impresionado con el resultado, ya que alerta de la posibilidad inmediata de descodificar todo tipo de actividad mental y todo tipo de imágenes, incluso las más ocultas, que la persona tenga en la mente. Los neurobiólogos todavía no sabemos qué es un pensamiento, pero los humanos pensamos utilizando imágenes o palabras, así que descodificándolas tenemos la posibilidad de descodificar pensamientos. Aunque se podría decir que los escáneres de fMRI solo existen en grandes centros hospitalarios o de investigación, se están desarrollando escáneres portátiles de actividad cerebral basados en métodos ópticos, que utilizan fuentes de luz cercanas al infrarrojo (*functional near infrared spectroscopy* o fNIRS) para monitorizar el riego sanguíneo del cerebro y, de esta manera —indirectamente, igual que el fMRI—, medir la actividad de la corteza. De hecho, en la película de Herzog entrevistamos a Brian Johnson, fundador de Kernel, una de las compañías pioneras de neurotecnología. Brian fue un misionero mormón que acabó fundando Braintree, una compañía de pagos en internet que lo hizo muy rico, e invirtió en la creación de una compañía de neurotecnología para fabricar dispositivos portátiles y venderlos por internet. En su casa en Malibú, el elegante barrio de Los Ángeles, nos enseñó un prototipo de escáner cerebral portátil de Kernel, que incluso pude probar yo mismo. En una escena de la película, mientras hablaba con el escáner encendido, el malicioso Werner me forzó a que dijera una mentira, para demostrar que sería posible analizar la actividad cerebral de una persona mientras la interrogabas, como un detector de mentiras infalible. Estos escáneres de Kernel son caros y tienen todavía que mejorar, pero no es descabellado pensar que instrumentos parecidos acabarán apareciendo en muchos hogares.

LOS DISPOSITIVOS LLEGAN AL MERCADO

Aunque la neurotecnología óptica, como el fNIRS, todavía no ha irrumpido en el mercado, la utilización de dispositivos portátiles de EEG para uso cotidiano empieza a ser una realidad fuera del ámbito hospitalario. Una simple búsqueda en Amazon demuestra que ya existen decenas de compañías de todo el mundo que los venden, acompañados de *software* relativamente rudimentario, para conectarlos a pantallas de videojuegos, mover cursores o elementos del juego con la mente, controlar drones o simplemente monitorizar el sueño o el estado de relajación y ayudar a meditar. Algunos dispositivos son utilizados experimentalmente para conductores de camiones, trenes u operativos de centrales nucleares, y así poder detectar si se duermen. En China, un dispositivo parecido fue utilizado en alumnos de colegios para alertar al profesor si no prestaban atención, pero parece que fue abandonado debido a las quejas de los padres, que lo consideraban una intromisión. Muchos de estos dispositivos de EEG en venta son cascos, gorras o diademas, pero ya se venden otros que miden el EEG por medio de unas gafas inteligentes, como las de Google o Meta, incluso auriculares, que los hacen mucho más aceptables socialmente. Por ejemplo, Apple ha patentado un tipo de auriculares AirPods que tienen incorporado un sensor de EEG. Como se colocan dentro de las orejas, y están cerca del lóbulo temporal del cerebro, podrían utilizarse para descodificar la actividad de las zonas de la corteza temporal que procesan el lenguaje. Estos dispositivos se podrían utilizar como audífonos inteligentes para ayudar a personas con discapacidades auditivas, pero también para descodificar el habla interna. Quizá los dispositivos neurotecnológicos más inocuos serían pulseras o brazaletes, como el que ya vimos de Reardon, que, más que EEG, en realidad miden el electromiograma de la muñeca, es decir, la actividad muscular. Pero con algoritmos de aprendizaje de IA, si se tienen suficientes datos, se puede descodificar la actividad de las neuronas de la médula espinal. Y si se tienen todavía más datos, se puede utilizar para descodificar la actividad de las neuronas en la corteza motora del cerebro, que codifican no solo las instrucciones que se mandan a los músculos, sino también componentes cognitivos del movimiento. Con un inofensivo brazalete en la muñeca se podría llegar a obtener información cognitiva del usuario.

LA EXPLOSIÓN DE LAS BASES DE DATOS

La necesidad de gran cantidad de datos para poder descodificar la actividad neuronal es crucial. En un congreso, escuché a Geoff Hinton, reciente premio Nobel y pope de las redes neuronales y la inteligencia artificial, que de una manera absolutamente humilde y honrada confesó que el gran avance de la inteligencia artificial no se debió a nuevos algoritmos de redes neuronales como los que ellos habían descubierto, sino a la aparición en la industria de las unidades de procesamiento gráfico (GPU), que son circuitos electrónicos que realizan muchos cálculos matemáticos a gran velocidad y que fueron fabricados para los videojuegos, así como al crecimiento de las bases de datos, que permitieron a los mismos algoritmos utilizados anteriormente adentrarse en un nuevo mundo y obtener resultados por fin convincentes. Recuerdo que presentó un gráfico sobre el progreso de la identificación de caras de personas con IA que demostraba cómo, una vez que las bases de datos superaban un tamaño determinado, las redes neuronales de repente se hacían efectivas, hasta superar las habilidades de un humano. Este es otro ejemplo de cómo muchas veces el éxito viene de un sitio de donde no te lo esperas, pues en este caso los videojuegos han liderado el progreso. Volviendo a la neurotecnología, la utilización de dispositivos portátiles, sobre todo aquellos que sean aceptados socialmente, sin duda llevará a un crecimiento enorme de las bases de datos neuronales de los consumidores. Ya hay compañías de EEG portátiles que, en sus páginas web, anuncian que tienen cientos de millones de horas de registros de actividad cerebral de sus usuarios. Lo lógico es que este crecimiento de los datos acumulados, junto con una IA cada vez más eficaz, lleve a una situación en la que se podrán descodificar datos almacenados que hoy son indescifrables. Por tanto, no es exagerado pensar que se podrá descodificar un vocabulario básico de lenguaje mental, emociones y estados cognitivos de una persona, además de detectar ciertas patologías cerebrales, desde la epilepsia —que, por cierto, ya se puede diagnosticar con alguno de estos dispositivos comerciales— hasta otras dolencias, como, por ejemplo, el Párkinson o la esquizofrenia, que actualmente requieren neurotecnología hospitalaria. Aunque las aplicaciones comerciales pueden ser sensacionales, también lo son los riesgos de la privacidad de las personas.

ACTIVANDO EL CEREBRO CON ESTIMULADORES

Todos estos ejemplos de neurotecnología comercial que hemos analizado son dispositivos para medir la actividad cerebral, pero la neurotecnología tiene dos aspectos: medir y manipular el sistema nervioso. Siempre es mucho más fácil leer un idioma extranjero que hablarlo o escribirlo, igualmente que es más fácil mapear y descodificar la actividad cerebral que manipularla con precisión. Por ello, los neurobiólogos que trabajamos en laboratorios como el mío y utilizamos neurotecnología avanzada con métodos ópticos llevamos más de treinta años utilizando técnicas como la imagen de calcio para medir la actividad de circuitos de la corteza cerebral del ratón, por ejemplo, y descodificándola efectivamente, aunque tan solo llevamos una década utilizando optogenética holográfica para manipularla con precisión. Lo mismo sucede cuando la neurotecnología se traslada del laboratorio a la clínica o al mercado: hay un retraso de décadas en métodos precisos para «leer» y descodificar el cerebro, comparado con «escribir» información en él, alterando o modificando su actividad. De todas formas, ya empiezan a venderse dispositivos en el mercado con estimulación eléctrica transcraneal, utilizando cascos o diademas, que cambian la actividad cerebral de una manera no invasiva y que pretenden tener efectos sobre el usuario. Esto empieza, como todas las neurotecnologías, con experimentos en el laboratorio. Por ejemplo, hace un par de años, un grupo de la Universidad de Boston publicó un estudio con un grupo de voluntarios de cierta edad que se sometieron a un experimento de estimulación eléctrica transcraneal para aumentar su memoria; era un estudio piloto para utilizar estos métodos en pacientes con Alzhéimer. Los resultados fueron bastante llamativos: unas sesiones diarias de corta duración incrementaban la memoria verbal de los sujetos en un 30 por ciento, a corto o a largo plazo, dependiendo de la forma de estimulación. Desde entonces, y aupados por una multitud de estudios clínicos con estimuladores transcraneales eléctricos y magnéticos que ya están aprobados por la FDA en Estados Unidos, empiezan a venderse en el mercado muchos tipos de estimuladores, con supuestos efectos de mejora de la memoria, la depresión, la ansiedad, para ayudar a concentrarse, etc. Muchas de esas compañías no proporcionan datos fiables sobre la efectividad de los dispositivos, y es posible que tengan efectos secundarios nocivos, pero también pueden aumentar las capacidades mentales y cognitivas. Hay compañías que incluso recomiendan sus estimuladores para niños, como si se les pudiera reprogramar el cerebro. El interés que despierta es tan grande, que ya hay compañías que se han lanzado al campo de la estimulación cerebral, incluso en Estados Unidos existe un grupo bastante grande de *makers*, aficionados que se fabrican sus propios estimuladores cerebrales y comparten en internet las instrucciones para hacerlo. Esta neurotecnología está falta de regulación, lo que es preocupante no solo por los posibles efectos secundarios, sino también por la posibilidad de que funcionen de verdad y se puedan utilizar para aumentar las capacidades cerebrales de nuestra especie.

EL *NEUROFEEDBACK* VIENE PISANDO FUERTE

Para hacer la situación aún más compleja, como avanzaba antes, existe otro tipo de neurotecnología llamada *neurofeedback* o neurorretroalimentación, que puede provocar alteraciones en la actividad cerebral sin utilizar estimuladores transcraneales, sino mediante la conexión de dispositivos para medir la actividad cerebral a una consola o videojuego, que cambia de momento a momento dependiendo del patrón determinado de actividad cerebral registrado. La idea es que el usuario por sí mismo pueda reconducir la actividad cerebral hasta cierto punto para lograr efectos clínicos o psicológicos. Un ejemplo de *neurofeedback* es el mapeo de la actividad cerebral con resonancia magnética funcional mientras el usuario, en este caso un paciente con síndrome de estrés postraumático, está viendo un vídeo con imágenes de alto contenido emocional. Un algoritmo lee el patrón espacial de la actividad cerebral y presenta determinadas imágenes para lograr, por ejemplo, que disminuya la actividad de la amígdala, un núcleo involucrado en el control de las emociones. De este modo, se logra «reprogramar» la actividad cerebral de estos pacientes y reducir sus síntomas. Al utilizar los propios mecanismos cerebrales, guiándolos desde fuera, el *neurofeedback* tiene muchísimas posibilidades para la neurología o la psiquiatría, y como solamente requiere un dispositivo no invasivo y una pantalla, puede dar lugar a muchas aplicaciones comerciales para interferir o incluso rediseñar la actividad cerebral del usuario. Esto podría dar lugar a una situación parecida a la que ocurre en las redes sociales, donde las compañías tecnológicas manipulan las imágenes que te muestran en la aplicación para lograr objetivos comerciales, pero con la diferencia que, con el *neurofeedback*, las compañías tendrían acceso a información detallada sobre los efectos de estas imágenes en el cerebro, con lo que la reprogramación del usuario podría ser muy efectiva. Como los algoritmos de las compañías son secretos, no habría control sobre cuáles son sus objetivos, que en principio tendrían el cerebro del usuario a su disposición para manipularlo como desearan.

EL COMIENZO DE LA AUMENTACIÓN MENTAL

Los casos incipientes de compañías que venden dispositivos de estimulación transcraneal y la posibilidad de que entren en el mercado aparatos de *neurofeedback* con medidores portátiles de actividad cerebral abren las puertas a la posibilidad de la aumentación mental, es decir, la utilización de neurotecnología para incrementar las capacidades mentales y cognitivas de nuestra especie. ¿De qué estamos hablando? Imaginad la posibilidad, no solo de poder comunicarnos mentalmente o manejar instrumentos sin abrir la boca o mover un dedo, sino también de aumentar nuestra capacidad de memoria, de poder procesar información visual más rápidamente, de tener acceso inmediato a enormes bancos de datos cuando pensamos sobre las cosas, o incluso el planear nuestro comportamiento o nuestras acciones de una manera más inteligente o efectiva. Imaginad la reprogramación de nuestra actividad cerebral, poder aumentar o disminuir ciertos aspectos de nuestra personalidad, como una especie de cirugía estética, pero esta vez psicológica en vez de física. Aunque esto pueda parecer algo increíble, en realidad no debería sorprenderos, ya que todas estas capacidades mentales de los seres humanos se realizan a través del cerebro, o del sistema nervioso para ser exactos, y si podemos cambiar su actividad, también podremos cambiarlas. Como ya hemos comentado anteriormente, los humanos llevamos aumentando nuestras capacidades desde el comienzo de nuestra historia: el fuego, la rueda, la imprenta, la máquina de vapor, los automóviles, los aviones, los ordenadores, etc., son todas ellas invenciones para poder hacer las cosas mejor. Las mismas gafas que llevo puestas permiten que vea con unos ojos con presbicia. Entonces, ¿por qué no vamos a poder aumentar nuestra visión con neurotecnología y gafas inteligentes que nos permitan analizar lo que vemos? No solo llevamos aumentándonos con tecnología toda nuestra historia, sino que hacerlo es en gran medida lo que nos define como especie. El filósofo alemán Martin Heidegger, como ya conté en un capítulo anterior, define al ser humano como el animal que fabrica herramientas, pero ¿para qué queremos herramientas si no es para poder hacer cosas que no podemos hacer de mejor manera? Lo llevamos en el ADN y no vamos a parar. De hecho, es ahora cuando de verdad podremos aumentarnos, ya que somos animales mentales.

EL MODELO MÉDICO AL RESCATE

Por nuestra historia como especie, y por nuestra sociedad y cultura tan competitivas, mi sincera opinión es que la aumentación mental y cognitiva con neurotecnología es inevitable. Es algo que doy por hecho, y debemos afrontar los grandes desafíos éticos y morales que conlleva. Una pregunta fundamental es qué especie humana queremos ser. Otra cuestión importante es quién controla las reglas del juego o decide quién se puede aumentar o no. Son cuestiones peliagudas: por ejemplo, en la reunión del grupo de Morningside, con veinticinco expertos de todo el mundo, había veinticinco opiniones distintas sobre qué hacer con la aumentación mental: unos proponían prohibirla, otros decían que debía ser universal. Digerir este problema es algo en lo que estamos trabajando y sobre lo que todavía no tengo una opinión establecida, pero una idea que estamos explorando es la posibilidad de que la neurotecnología de aumentación mental, aunque esté basada en instrumentos portátiles, quede bajo control médico y se le aplique la regulación médica. Es lo que llamamos el «modelo médico» de la neurotecnología, considerándola como tecnología médica, aunque se utilice fuera del ámbito clínico, garantizando así que se apliquen los estándares éticos médicos, anclados en el principio universal de justicia, beneficencia y dignidad humana. Este modelo médico está codificado en el anteproyecto de ley de neuroprotección de Chile, todavía sin aprobar, y ha sido apoyado por el grupo consultivo de expertos del Gobierno británico sobre neurotecnología. ¿Cómo funcionaría en este caso? Un ejemplo sería la normativa desarrollada para controlar el trasplante de órganos, en el que normalmente hay menos donantes que posibles receptores. En estos casos, que son muchas veces casos de vida o muerte, la persona que recibe el trasplante no es la más guapa, la más rica o la más poderosa, sino que un panel de médicos y una comisión ética deciden, con absoluta independencia, quién es el paciente que será más beneficiado por el trasplante. Como son procedimientos tan importantes, la regulación de donaciones de órganos es absolutamente nítida, y el tráfico de órganos o infringir la ley está penalizado con enormes castigos. El modelo médico es solo una propuesta, ya que apenas estamos empezando a desbrozar el camino para entender la aumentación mental, un tema sobre el que espero tener las ideas más claras en el futuro, quizá en un próximo libro.

NADIE NOS VA A PONER UN CHIP

Hablando del modelo médico, una posibilidad terapéutica sería desarrollar la aumentación mental utilizando dispositivos invasivos implantables como chips inalámbricos o prótesis cerebrales, por ejemplo. Como ya hemos visto, estos dispositivos se empiezan a utilizar en el ámbito clínico, y hay algunas empresas que, como la compañía Neuralink, que es propiedad de Elon Musk, el hombre más rico del mundo y que interviene en la política a su antojo, promueven abiertamente la utilización de neurotecnología implantable para aumentar a los seres humanos con IA. Ahora bien, para insertar un dispositivo en el cerebro de una persona se necesita un neurocirujano, por lo que la implantación sería un procedimiento médico, regulado por todas las leyes sanitarias y que requeriría la aprobación de los comités de ética médica correspondientes. Quiera Musk o no, sus chips solo se podrán implantar bajo una estricta supervisión médica y para casos clínicos que los necesiten, no para fabricar superhumanos a su antojo. Por ello, animo a los lectores a que no se alarmen por las declaraciones exageradas de Musk o de gente parecida, y que consideren que estos dispositivos de Neuralink son algo esencialmente positivo, ya que traerán beneficios a los pacientes, ya que están y estarán, necesariamente, en manos de los neurocirujanos.

Sin embargo, se están desarrollando chips miniaturizados e inalámbricos que podrían ser inyectables, como el «polvo neuronal», que podrían implantarse en el cerebro con procedimientos que no serían quirúrgicos, sino radiológicos, igual que la angioplastia coronaria para colocar los stents coronarios, utilizando las vías sanguíneas para acceder al cerebro desde dentro. Yo también animaría a los lectores a no alarmarse ante la posibilidad de pensar que les van a poner un chip cerebral en contra de su voluntad y sin enterarse de que eso ocurre, ya que estos procedimientos están siempre realizados y supervisados por personal médico y por ello estarán protegidos por la regulación médica y las leyes sanitarias. Desafortunadamente, hay muchas ideas paranoicas sobre implantación de chips cerebrales para leer la mente de las personas, pero no tienen ningún atisbo de realidad y no ocurrirán, ya que serán procedimientos médicos. Aunque hay que preocuparse de los problemas éticos y sociales de la neurotecnología, en el tema de los chips cerebrales quiero mandar un mensaje de tranquilidad: podemos dormir tranquilos, nadie nos va a poner un chip.

EVITANDO UN NUEVO ESCENARIO BÉLICO

Pero donde sí que hay que preocuparse es en el desarrollo de armas neurotecnológicas. Como siempre ha ocurrido en la historia, las tecnologías que desarrollan los humanos se pueden utilizar para bien o para mal. Imaginad al primer *Homo erectus* que descubre cómo hacer fuego y piensa: «¡Genial, así podemos calentarnos en la cueva en invierno, o quemarles la cueva a los de al lado y quedarnos con sus pertenencias!». Pues desde el fuego a la energía nuclear, y, por qué no, la neurotecnología también, hay una posibilidad creciente de que tenga un uso militar, para la fabricación de dispositivos armamentísticos, tanto ofensivos como defensivos. En círculos militares se habla de nuevos escenarios bélicos y de seguridad nacional. Aparte de los tradicionales ejércitos de tierra, aire y mar, las naciones más avanzadas están desarrollando estrategias para escenarios de combate como el espacio exterior, el ciberespacio o incluso el neuroespacio. Dados los avances de la descodificación del habla interna, una aplicación inmediata de la neurotecnología a la seguridad nacional sería en el interrogatorio de prisioneros, pero se pueden imaginar escenarios ofensivos. Un posible ejemplo de esto podría ser el llamado «síndrome de La Habana», un misterioso cuadro médico con trastornos aparentemente vestibulares, auditivos, motores e incluso psicológicos, que han sufrido algunos diplomáticos occidentales en embajadas situadas en ciertos países potencialmente hostiles. Este síndrome puede deberse a una utilización primeriza de nuevas armas neurotecnológicas, basadas en ultrasonidos de alta potencia enfocados a las neuronas del laberinto vestibular del oído interno. De hecho, la utilización de fuentes de energía sónicas o ultrasónicas ya se ha empleado, tanto para prevenir ataques piratas en barcos, oleadas de inmigrantes ilegales o para dispersar grupos de manifestantes. Otra posible neuroarma, en este caso disuasoria y muy inteligente, es reproducir el habla del enemigo con altavoces, pero con un retraso que confunde y le hace perder la concentración al adversario.

Pero esto es solo el comienzo: lo lógico es que cuanto más conozcamos el cerebro y más tecnología tengamos para poder medir e interferir con la actividad cerebral, más posibilidades habrá de desarrollar armamentos que interfieran directamente con la capacidad ofensiva del enemigo, evidentemente controlada desde su propio cerebro. Es cuestión de tiempo. Por ello, es extremadamente importante que nos involucremos en la regulación de la neurotecnología a todos los niveles y para todos los usos, para evitar que se utilice para infringir daño a seres humanos, igual que las armas de destrucción masiva, tanto químicas como biológicas o nucleares, que están reguladas en algunos casos desde hace ya casi cien años por tratados internacionales. Creo que estamos listos para ello y debemos prevenir la utilización de estas armas contrarias a la dignidad humana, incluso antes de que se desarrollen.

LA NEUROCIENCIA AVANZARÁ AL HUMANISMO

El impacto que tendrán la neurociencia y la neurotecnología en nuestra cultura y civilización será asombroso. Somos una especie que nos definimos por nuestras capacidades mentales. La mente es la esencia de nuestro ser. Los humanos pensamos, hablamos e interactuamos entre nosotros y creamos una cultura, una civilización, basada en la ayuda mutua y siguiendo unas reglas de juego. Esto ha sido así desde los albores de nuestra historia, tanto en grupos familiares, clanes, pueblos, ciudades o países. El núcleo de todo es nuestra mente, y entenderla es el objetivo central del humanismo. La pregunta fundamental de las humanidades y de las artes es: ¿Qué es un ser humano? Desde tiempos ancestrales, todas las culturas intentan definir, desde la filosofía, la historia, el arte, la literatura, la música y la danza, qué nos caracteriza como seres humanos, con nuestras grandezas y nuestras limitaciones.

Pongo un ejemplo de la literatura: posiblemente, uno de los libros más impresionantes que he leído sea *Ana Karenina* de Tolstói. La historia que cuenta parece superficialmente un chascarrillo de líos de faldas de la alta aristocracia rusa en el siglo XIX. Pero lo que te engancha cuando lo lees es que Tolstói utiliza estos personajes como una lupa para describir la esencia de la vida humana: cómo nacemos, crecemos, estudiamos, trabajamos, nos enamoramos, tenemos descendencia y morimos. Describe con una belleza increíble la esencia de la condición humana: nuestros deseos, preocupaciones, decisiones, errores, aciertos, nuestras grandezas y mezquindades. En fin, toda la vida, destilada en novecientas páginas; por eso leemos sin parar desde el comienzo al final. Lo mismo sucede con las grandes obras culturales de la humanidad: te transmiten una visión de la esencia del ser humano. Generación tras generación y cultura tras cultura, acumulamos perspectivas, pero la pregunta sigue abierta. Por ello, el objetivo de la neurociencia, comprender el cerebro, es el mismo gran objetivo del humanismo: responder a la pregunta de qué es un ser humano.

Creo sinceramente que la neurociencia, aupada por la neurotecnología, nos permitirá acercarnos más a la respuesta, al entendernos a nosotros mismos por dentro. Quizá la neurociencia pueda aportar un granito de arena importante, porque podrá responder científicamente a qué es la mente humana, algo que nos permitirá conocernos a nosotros mismos por dentro, por primera vez. Imaginad las consecuencias que tendrá esto para nuestra concepción del ser humano, para la cultura y la sociedad. Si pudiésemos entender cómo pensamos, por qué hacemos lo que hacemos... En fin, por qué y cómo son las características esenciales que nos definen como especie.

REPARANDO EL MUNDO

Acabo el libro con una mirada atrás a mi carrera científica y al granito de arena que hemos aportado a la neurociencia, y me enorgullece enormemente ver el amplio impacto de los métodos ópticos que hemos desarrollado y nuestro papel en la inspiración de BRAIN. Pero lo que realmente me entusiasma de cara al futuro es la promesa de los nuevos datos de estas nuevas tecnologías, que probarán o demostrarán rigurosamente los modelos de redes neuronales, descifrarán el código neuronal y nos permitirán entender el cerebro. Pero es posible que estas ideas sean simplemente erróneas o quizá la cuestión del código neuronal esté mal planteada y los circuitos neuronales podrían funcionar de otra manera. Esa es la belleza de la ciencia: nadie tiene la verdad. Al final, aunque me siento afortunado y privilegiado de haber participado en el *Zeitgeist* de la neurociencia, la imagen que me viene a la mente es la de un estudiante de un barrio de Madrid al que le encantaba mirar a través del microscopio y soñaba despierto con hacer descubrimientos para la humanidad.

Otra reflexión, mirando hacia el futuro, tiene que ver con el impacto que tiene entender el cerebro para la humanidad y desarrollar tecnología para poder controlar su actividad. En esto soy absolutamente optimista, porque veo que esto nos llevará a un nuevo mundo con enorme progreso científico, médico, económico y también social, pero no doy por sentado que esto ocurrirá automáticamente, sino que siento la responsabilidad de trabajar para conseguir un mundo mejor, donde se respete la dignidad y los derechos del ser humano. Soy también realista y perfectamente consciente de que el mundo no es perfecto y necesita la involucración de todos para corregir sus problemas y ayudar a arreglarlo. Esta es la máxima ética del judaismo, *Tikkun Olam* (Reparad el mundo), orden que no exime a nadie, independientemente de cómo sea de grande la magnitud del problema. Hay un nuevo continente por delante, pero tenemos que garantizar que, antes de entrar en él, estén bien puestos los guardarraíles de las carreteras tecnológicas que vamos a utilizar. Estamos trabajando en esto sin descanso, y creo que podemos conseguirlo. Cuando escribo estas líneas, ya hay cinco sitios en el mundo —la República de Chile, el estado de Río Grande del Sur de Brasil, y los estados norteamericanos de California, Colorado y Montana— donde los datos neuronales de los ciudadanos están protegidos por ley, y todas estas votaciones en los respectivos parlamentos fueron unánimes. Estamos promoviendo legislaciones parecidas en otros estados y países, así como en la ONU, y espero que, cuando se publique este libro, el número de territorios con legislaciones pertinentes se haya incluso duplicado. Espero que la información y los argumentos aquí presentados contribuyan al debate sobre el tema y que sirvan de estímulo para la participación de más personas en preservar los neuroderechos, para lograr que todo el potencial de la neurotecnología se desarrolle plenamente por el bien de la humanidad.